天然气脱水现场手册

Gas Dehydration Field Manual

[美] 莫里斯·斯特沃(Maurice Stewart)

肯·阿诺德(Ken Arnold) 著

王智　胡风涛 译

中国石化出版社

著作权合同登记　图字 01-2014-8340

This edition of *Gas Dehydration Field Manual* by Maurice Stewart, Ken Arnold is published by arrangement with **ELSEVIER INC.**, a Delaware corporation having its principal place of business at 360 Park Avenue South, New York, NY 10010, USA.

图书在版编目(CIP)数据

天然气脱水现场手册 / (美)莫里斯·斯特沃 (Maurice Stewart), (美)肯·阿诺德 (Ken Arnold) 著;王智,胡风涛译. ——北京:中国石化出版社, 2017.7

ISBN 978-7-5114-4568-1

Ⅰ.①天… Ⅱ.①莫… ②肯… ③王… ④胡… Ⅲ. ①天然气—脱水—手册 Ⅳ.①TE644-62

中国版本图书馆CIP数据核字(2017)第166033号

中国石化出版社出版发行

地址:北京市朝阳区吉市口路9号
邮编:100020　电话:(010)59964500
发行部电话:(010)59964526
http://www.sinopec-press.com
E-mail:press@sinopec.com
北京富泰印刷有限责任公司印刷
全国各地新华书店经销
*
710×1000毫米16开本11.5印张164千字
2017年10月第1版　2017年10月第1次印刷
定价:58.00元

译者序

天然气是清洁高效的化石能源，在供应稳定性、技术可行性和使用灵活性方面有独特优势。近年来，勘探开发技术的突破大幅提高了天然气开发水平，深刻改变了世界能源格局。同时，天然气的清洁性和灵活性使其在发电、交通等领域得到快速应用。2006~2015年，全球煤炭和石油消费比重下降了2.3%，天然气比重则提高了约1%。为了保护大气环境，有效防治雾霾，中国政府已制定行动计划，将大力提高天然气消费规模和比重。预计到2030年，天然气在我国一次能源消费中的比重将达到15%左右。

为满足商品天然气的销售要求，必须脱除天然气中所含的杂质组分（水蒸气、H_2S和CO_2等）。由于储气岩层中所含的束缚水，大部分天然气中含有大量的水蒸气。在气藏压力和温度条件下，天然气所含水蒸气处于饱和状态。为满足商品天然气的指标要求，或者为满足下游低温分离的要求，必须脱除天然气中所含的水蒸气。天然气脱水的方法一般包括低温法、溶剂吸收法、固体吸附法、化学反应法和膜分离法等。溶剂吸收法脱水是目前天然气工业中应用最普遍的方法之一，其利用吸收原理，采用一种亲水的溶剂与天然气充分接触，使水传递到溶剂中从而达到脱水的目的。三甘醇再生容易，贫液质量分数可达98%~99%，具有更大的露点降，且运行成本较低，得到了广泛应用。

Maurice Stewart和Ken Arnold编写并于2011年出版的《Gas Dehydration Field Manual》一书，系统性强，内容丰富，从"气体水合物形

成条件和防止方法"、"脱水方法",以及"醇系统检修、维护和发现并排除故障"这三个主题出发,详细阐述了天然气含水量的计算方法,水合物的预测、生成和抑制,甘醇系统的贫液循环量、浓度、主要设备尺寸和内部结构等内容;同时,对定期检修、醇溶液的化验与控制、故障诊断与维修、消除操作问题等现场实际问题提供了详细的对策。该书不仅对工程设计及相关专业领域的从业人员有参考价值,也对从事生产操作的相关人员有所帮助。因此,我们接受中国石化出版社的委托,将该书翻译成中文,以飨读者。

  本书由王智、胡风涛主译。参加翻译的人员有:卢伟、李明悦(负责第一部分),李明悦、崔春飞、张贤晓(负责第二部分),王圆圆、蒋超(负责第三部分)。王智、林瑾负责全部译稿的修订和文字统一,中国石化出版社编辑在图表和文字整理方面也付出了许多辛劳。在此对各位译者和编辑者表示诚挚地感谢。

  由于译者专业水平有限,疏漏和错误之处在所难免。敬请广大读者批评指正。

译 者

于中石化石油工程设计有限公司

2016年11月

目　录

第一部分　气体水合物形成条件和防止方法

1 目的……………………………………………………………(1)

2 概述……………………………………………………………(1)

 2.1 露点……………………………………………………(1)

 2.2 露点降…………………………………………………(1)

 2.3 为何脱水………………………………………………(1)

3 气体含水量……………………………………………………(2)

 3.1 介绍……………………………………………………(2)

 3.2 分压和逸度……………………………………………(2)

 3.3 经验曲线………………………………………………(3)

 3.4 酸性天然气公式………………………………………(3)

 3.5 氮气和重组分的影响…………………………………(9)

 3.6 应用……………………………………………………(10)

 3.7 冷凝水量………………………………………………(10)

4 天然气水合物…………………………………………………(10)

 4.1 什么是天然气水合物…………………………………(10)

 4.2 为什么必须控制水合物………………………………(11)

 4.3 水合物的生成条件是什么……………………………(11)

 4.4 如何抑制或控制水合物的生成………………………(11)

5 操作温度和操作压力的预测 ·· (11)

   5.1 井口操作条件 ··· (11)

   5.2 集输管线运行条件 ·· (11)

   5.3 井口温度和压力的计算 ·· (11)

   5.4 计算集输管线下游温度 ·· (12)

6 温降计算 ·· (12)

   6.1 概述 ·· (12)

   6.2 温降曲线 ··· (13)

7 水合物预测公式 ·· (14)

   7.1 概述 ·· (14)

   7.2 气–液平衡常数法 ·· (14)

   7.3 压力–温度曲线 ·· (14)

   7.4 状态方程计算 ··· (15)

   7.5 气–固平衡常数 ·· (15)

   7.6 压力–温度曲线 ·· (15)

8 防止水合物的生成 ·· (21)

   8.1 概述 ·· (21)

   8.2 加热 ·· (22)

   8.3 温度控制 ··· (23)

   8.4 化学加药 ··· (26)

   8.5 水合物抑制方法对比 ·· (35)

   8.6 水合物抑制方法总结 ·· (36)

9 水合物抑制 ··· (37)

   9.1 Hammerschmidt公式 ·· (37)

   9.2 需要的水合物抑制剂总量 ·· (37)

   9.3 确定水合物抑制剂用量的步骤 ····································· (38)

10 练习题…………………………………………………………………………(42)

参考文献……………………………………………………………………………(43)

第二部分 脱水方法

1 概述……………………………………………………………………………(45)

2 吸附法…………………………………………………………………………(45)

　　2.1 工艺概述………………………………………………………………(45)

　　2.2 吸附原理………………………………………………………………(45)

　　2.3 可逆工艺………………………………………………………………(46)

　　2.4 传质区(MTZ)…………………………………………………………(46)

　　2.5 操作原理………………………………………………………………(47)

　　2.6 工艺变量的影响………………………………………………………(51)

　　2.7 设备……………………………………………………………………(60)

　　2.8 干燥剂性能……………………………………………………………(66)

　　2.9 需要设计关注的领域…………………………………………………(67)

3 吸收法…………………………………………………………………………(71)

　　3.1 工艺概述………………………………………………………………(71)

　　3.2 吸收原理………………………………………………………………(71)

4 甘醇脱水………………………………………………………………………(72)

　　4.1 操作原则………………………………………………………………(72)

　　4.2 气体系统………………………………………………………………(75)

　　4.3 甘醇系统………………………………………………………………(77)

　　4.4 操作变量的影响………………………………………………………(81)

5 系统设计………………………………………………………………………(90)

　　5.1 尺寸确定的考虑………………………………………………………(90)

　　5.2 入口微纤维过滤器分离器……………………………………………(90)

5.3 甘醇/气体吸收塔 ································ (90)

5.4 吸收塔塔径 ···································· (92)

5.5 塔板设计 ······································ (94)

5.6 塔板间距 ······································ (99)

5.7 甘醇循环量 ··································· (100)

5.8 甘醇贫液浓度 ································· (102)

5.9 甘醇–甘醇预热器 ····························· (102)

5.10 甘醇–气体冷却器 ···························· (102)

5.11 气体–甘醇–凝液分离器 ······················· (102)

5.12 再浓缩器 ···································· (102)

5.13 热负荷 ······································ (102)

5.14 火管尺寸 ···································· (103)

5.15 回流冷凝器 ·································· (103)

5.16 气提蒸馏柱 ·································· (103)

5.17 直径尺寸 ···································· (105)

5.18 填料 ·· (106)

5.19 气提气的量 ·································· (106)

5.20 过滤器 ······································ (107)

5.21 甘醇泵 ······································ (107)

5.22 蒸馏排放 ···································· (110)

6 汞因素考虑 ·· (110)

6.1 汞 ·· (110)

6.2 处理 ·· (110)

7 特殊甘醇脱水系统 ·································· (111)

7.1 一般原则 ····································· (111)

7.2 共沸再生法 ··································· (111)

7.3 冷指冷凝工艺 ………………………………………………………… (113)

8 甘醇–气驱动泵系统 ……………………………………………………… (114)

9 电驱动泵系统 ……………………………………………………………… (117)

10 非再生脱水器 …………………………………………………………… (120)

　　10.1 概述 ……………………………………………………………………… (120)

　　10.2 氯化钙装置 …………………………………………………………… (120)

11 普通甘醇物理性质 ……………………………………………………… (122)

参考文献 ……………………………………………………………………… (131)

第三部分 醇系统检修、维护以及发现并排除故障

1 定期检修 …………………………………………………………………… (132)

　　1.1 定期检修计划 ………………………………………………………… (132)

　　1.2 一次成功的定期检修项目包括五个步骤 ……………………… (132)

　　1.3 记录 …………………………………………………………………… (134)

　　1.4 机械维护 ……………………………………………………………… (137)

　　1.5 醇溶液维护 …………………………………………………………… (138)

　　1.6 腐蚀控制 ……………………………………………………………… (139)

　　1.7 沟通 …………………………………………………………………… (141)

　　1.8 一般原则 ……………………………………………………………… (142)

　　1.9 氧化 …………………………………………………………………… (142)

　　1.10 热分解 ………………………………………………………………… (142)

　　1.11 pH值控制 …………………………………………………………… (142)

　　1.12 盐污染(盐沉淀) ……………………………………………………… (143)

　　1.13 烃类 …………………………………………………………………… (144)

　　1.14 沉淀物 ………………………………………………………………… (144)

　　1.15 发泡 …………………………………………………………………… (144)

1.16 醇溶液的化验和控制 ……………………………(145)

1.17 故障诊断与维修 ……………………………………(151)

1.18 再生器中的醇溶液损失 ……………………………(154)

1.19 醇溶液损耗–醇溶液烃类分离器 …………………(155)

1.20 醇溶液损耗——多方面的 …………………………(155)

1.21 三步法排除故障 ……………………………………(155)

1.22 醇溶液系统清洁 ……………………………………(156)

2 消除操作问题 ……………………………………………(156)

2.1 一般原则 ………………………………………………(156)

2.2 进口洗涤器/微型过滤分离器 ………………………(156)

2.3 吸收塔 …………………………………………………(159)

2.4 甘醇–气体换热器 ……………………………………(161)

2.5 贫甘醇储罐或收集器 …………………………………(161)

2.6 气提或蒸馏塔 …………………………………………(162)

3 改善甘醇过滤的一般原则 ………………………………(171)

4 使用炭净化的一般原则 …………………………………(173)

参考文献 ……………………………………………………(174)

第一部分　气体水合物形成条件和防止方法

1 目的

为满足商品天然气的销售要求，必须脱除天然气中所含的杂质组分(水蒸气、H_2S 和 CO_2 等)。由于储气岩层中所含的束缚水，大部分天然气中含有大量的水蒸气。在气藏压力和温度条件下，天然气所含水蒸气处于饱和状态。为满足商品天然气的指标要求，或者为满足下游低温分离的要求，必须脱除天然气中所含的水蒸气。

在进行处理设施的设计时，首先需要确定天然气含水量和水合物生成条件。

液态水可形成冰状固体，堵塞管道或降低管道输送能力。本章将进一步讨论预测生成水合物的温度、压力条件的方法以及防止水合物生成的方法。

2 概述

2.1 露点

露点指的是在一定压力下，天然气中的水蒸气开始冷凝产生第一滴液时对应的温度。露点常用于表示天然气中的含水量。天然气脱水后，露点随之降低。保证气体温度高于露点温度，可防止水合物生成，进而阻止腐蚀。

2.2 露点降

露点降指的是天然气初始水露点与水蒸气脱除后水露点之差。露点降用来描述达到天然气中某特定含水量所需脱除的水量。

2.3 为何脱水

脱水指的是从气体中脱除水蒸气，以降低天然气露点。气体中如果存在过量的水蒸气，将导致：管线输送效率和输送能力降低；产生腐蚀，并随着气体流动,在管道或设备中引起泄漏;在管线、阀门或容器中生成水合物或冰状固体。

为满足商业天然气销售合同的要求(取决于环境温度),必须对天然气进行脱水。世界各地天然气含水量的常用要求如下:

① 南美、东南亚、南欧、西非、澳大利亚为7lb/[10⁶ft³(标)·d](1lb≈0.454kg,1ft³≈0.028m³,下同);

② 北美、加拿大、北欧、中亚、北亚为2~4lb/[10⁶ft³(标)·d];

③ 制冷(透平膨胀系统)为0.05lb/[10⁶ft³(标)·d];

④ 对水露点要求很低时,应用固定床吸附装置。

3 气体含水量

3.1 介绍

液态水通过"气–液"和"液–液"分离操作而被脱除。气体饱和含水量是气体组成的函数,与气体压力和温度有关。当气体压缩或冷却时,含水量降低。

在某一特定压力和温度下,如果气体吸收的水量达到最大值,此时气体处于饱和状态,或称之为处于露点状态。饱和状态下,气体不会再吸收任何的水分,此时添加的任何水分,都将以液体状态析出。如果压力提高,同时(或者)温度降低,气体吸收水分的能力将降低,此时部分水蒸气冷凝为液体析出。

确定气体中水含量的方法主要有:分压和分逸度关系式;水含量经验曲线(P–T)。

天然气中存在杂质(如H_2S、CO_2、N_2时),可采取一定的修正系数,以降低误差。

3.2 分压和逸度

根据拉乌尔(Raoult)分压定律,有以下公式:

$$y_w = P_v \cdot x_w \tag{1-1}$$

式中:y_w为气相中水的摩尔分数;P_v为系统温度下水的饱和蒸气压;x_w为液相中水的摩尔分数,取值1.0。

由于液相的不可混溶性,液相摩尔分数可视为均一。因此,已知压力和水的饱和蒸气压，根据式(1-1)即可求得气相中水的摩尔分数。式(1-1)的适用情况为：

① 仅适用于低压系统，这种情况下理想气体状态公式适用；

② 建议用于系统压力不高于60psi(绝)[或者4bar(见表)](1psi≈6.894kPa，1bar=0.1MPa，下同)的情况。

3.3 经验曲线

经验曲线基于不含酸天然气绘制。在不同温度和压力下，绘制了含水量(w)曲线。在某一压力下，曲线近似于一条直线。所显示的含水量是该压力温度下气体所能吸收的最大水量。气体完全饱和，即意味着相对湿度为100%。温度是气体在固定组成和某一压力下的水露点温度。

有大量的公式可以用来确定天然气中的含水量。

① 当不含酸天然气中甲烷含量在70%以上时，采用McKetta-Wehe关系图计算天然气中的水含量，表现出了令人满意的结果(见图1-1)。

② 误差在±5%以内(根据该关系图的应用情况，实际误差极有可能低于该数值)。

③ 随着H_2S和CO_2含量提高，误差增大。当存在酸性组分时，即使酸性组分含量较低且压力也很低，但仍建议考虑一定的修正系数。

比较不同工况下的含水量，可计算含水载荷，计算管线中析出的水量。这些水存在如下危害：形成水合物；产生腐蚀/冲蚀的根源。

3.4 酸性天然气公式

3.4.1 加权平均法

公式采用加权平均的方法来计算酸性天然气中的水浓度。在该方法中，各组分的水含量乘以其摩尔分数，可采用下述公式：

$$W=yW_{hc}+y_1W_1+y_2W_2 \tag{1-2}$$

式中：W为天然气的含水量；W_{hc}为由图1-1查得的天然气水的含量；W_1为根据相应的经验曲线查得的CO_2中水的含量；W_2为根据相应的经验曲线查得的H_2S中水的含量；$y=1-(y_1y_2)$；y_1为CO_2的摩尔分数；y_2为H_2S的摩尔分数。

图1-2和图1-3列出了所谓的有效含水量。该曲线基于纯酸性组分测定。

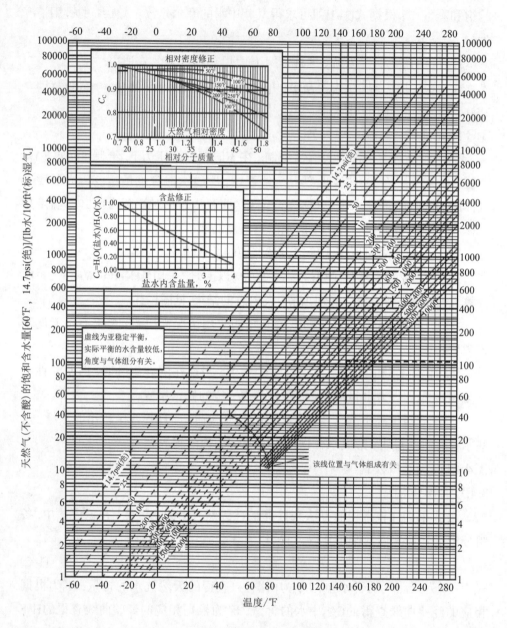

图1-1 天然气(不含酸)的饱和含水量

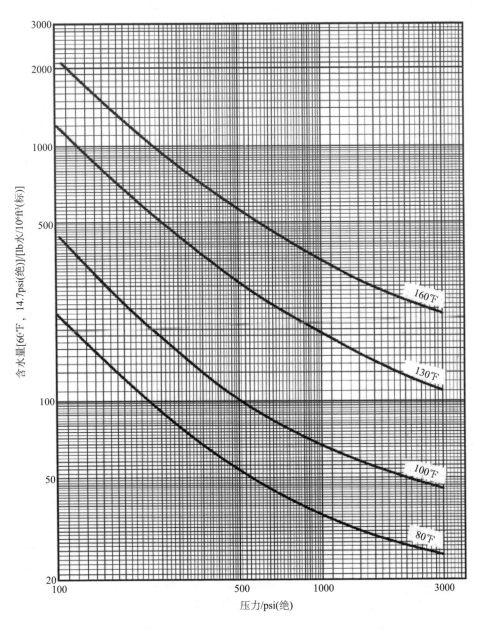

图1-2 天然气内饱和CO_2的有效含水量

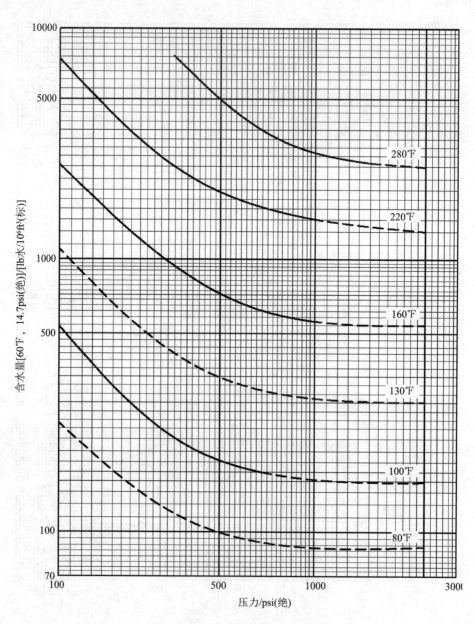

图 1-3 天然气内饱和 H_2S 的有效含水量

3.4.2 Sharma公式

Sharma公式采用式1-2,并且主要基于Sharma获取的数据。

图1-4和图1-5通过绘制Sharma关于甲烷、CO_2和H_2S的二进制数据,并平滑为曲线获得。

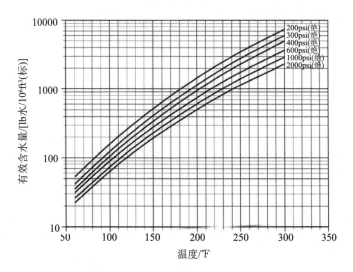

图1-4 CO_2含水量的Sharma方程

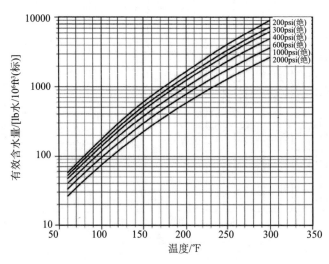

图1-5 H_2S含水量的Sharma方程

3.4.3 SRK酸性气体公式

图1-6中的表基于SRK方程计算获得，同时假定气体中的烃组分为甲烷。

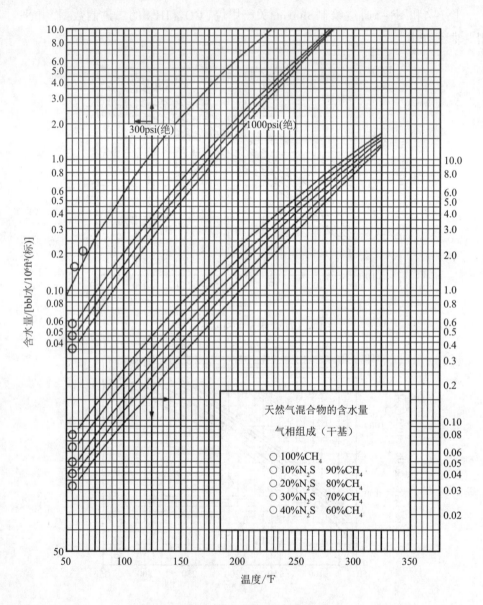

图1-6 酸气关联图–SRK方程

在相同条件下，CO_2含水量是H_2S含水量的75%。在用于计算时，CO_2的含水量必须乘以0.75，然后加上H_2S的含水量。

用API单位表示的含水量，即$bbl/10^6ft^3$(标)与$lb/10^6ft^3$(标)的转换关系为：$1lb/10^6ft^3$(标)$=350bbl/10^6ft^3$(标)。

通过该关系图，可快速估计酸性天然气的含水量。

3.5 氮气和重组分的影响

氮气的饱和含水量低于甲烷。在压力不高于1000psi(绝)[69bar(绝)]时，与甲烷相比，氮气的饱和含水量低5%~10%。压力升高，则差异增大。

在计算含水量时，将氮气视为烃类是一种比较实际的做法，并且也提供了一定的安全系数。重组分的存在一般会增加气体的饱和含水量。在常规压力体系下，这种差异相对较小。

在大部分系统中，氮气和重组分的存在，通常会抵消彼此的影响。

【示例1-1】酸性天然气中水含量的计算

已知：计算在压力为1100psi(绝)、温度为120℉的条件下，天然气的饱和含水量。天然气组成见表1-1：

表1-1 酸性天然气组成

组 成	y_i
N_2	0.0046
CO_2	0.003
$H2_S$	0.1438
C_1	0.8414
C_2	0.0059
C_3	0.0008
iC_4	0.0003
nC_4	0.0002
	1.0000

计算过程：

① 通过McKetta-Wehe曲线，读出$W=97lb/10^6ft^3$(标)。

② 通过CO_2和H_2S的有效含水量曲线,读出W_1=130,W_2=230。将数值代入式(1-2),得出W=0.8532×97+0.003×130+0.1438×230=116[lb/10^6ft³(标)]。

③ 根据Sharma曲线,W_1=120,W_2=150。将数值代入式(1-2),得出W=0.8532×97+0.003×130+0.1438×150=105[lb/10^6ft³(标)]。

④ H_2S的有效含量=(%CO_2)×0.75+(%H_2S)=0.3%×0.75+14.38%=14.6%。

⑤ 根据SRK公式曲线,必须进行单位转换,将bbl/[10^6ft³(标)]转换为lb/[10^6ft³(标)],则W=350bbl/[10^6ft³(标)]=109lb/[10^6ft³(标)]。

注意:通过式(1-2)计算得到的水含量要高于McKetta-Wehe曲线读出来的数值。116这一数值尽管不太可能,但的确会存在。看到任何数值都不要觉得是不可更改的。在确定水含量时,一定要看一下适用范围。

3.6 应用

公式主要用于在进行天然气脱水计算时,计算有多少水会从天然气中冷凝——已考虑相应的处理措施、腐蚀/冲蚀和水合物抑制等问题。

3.7 冷凝水量

在进行冷凝水量的预估时,确保考虑足够的安全余量。额外的成本开支通常是无关紧要的。在进行冷凝水量预测时,一个常见的趋势是预测的流动温度要低于其实际温度。出现这一趋势的原因主要是所使用的数据质量。大部分数据来源自钻杆测试,但该数据质量很一般。随着现场的实际运行,一段时间以后井口流动温度通常会上升并趋于稳定。McKetta-Wehe曲线基于对数刻度绘制,因此温度的微小变化也会引起含水量的巨大变化。举例来说,温度改变10%,会导致含水量变化33%。脱水装置性能不佳的一个常见原因就是低估了含水量。

4 天然气水合物

4.1 什么是天然气水合物

天然气水合物是由处于晶体结构的水分子组成的复杂晶体结构,天然气水合物外形像冰,但具有腔室,以供气体分子填充。最常见的组成:水、甲烷和丙烷;水、甲烷和乙烷。

天然气水合物外形类似潮湿的快要融化的雪,但当其节流并承受一定压力的变化时,会变成固体结构,就好像把雪花压实变成雪球。

4.2 为什么必须控制水合物

天然气水合物容易在集输管线、节流阀、仪表等装置的节流位置聚集，聚集在容器的液体收集区。

天然气水合物会堵塞管道，降低管线输送能力，破坏节流件和仪表灯设置，并影响气液的正常分离。

4.3 水合物的生成条件是什么

适当的压力、温度以及"游离水"的存在，以保证气体处于露点以下。如果没有"游离水"，水合物不会生成。

4.4 如何抑制或控制水合物的生成

① 加热法；

② 在较低的水合物生成温度下添加化学抑制剂；

③ 气体脱水，以保证水蒸气不会冷凝为"游离水"；

④ 通过工艺设计融化水合物。

5 操作温度和操作压力的预测

5.1 井口操作条件

井口天然气的温度和压力是判定气流进入集输管线时，水合物是否会生成的重要参数。井口流量增加，井口温度提高，压力下降。

因此，随着气藏衰减，产量下降，井口压力降低，起初可能会引起下游设备产生水合物的气井物流，可能会离开水合物生成区。有时候可以通过保证气井产量高于某个最小值，来阻止水合物的产生。这是一种有效利用气藏能量的方式，否则这些能量可能会损失在节流前后。

5.2 集输管线运行条件

由于热量损失(散热至周围环境，包括土壤、水或者大气)而引起的集输管线内气体降温，可能会导致气体温度降至水合物生成温度以下。在决定集输管线实现压力降低或者安装加热器的最佳位置时，需要参考以往的集输管线的温度和压力记录。

5.3 井口温度和压力的计算

目前有大量的计算机辅助软件，用于计算井口气流的温度和压力，并预测气藏衰减引起的参数变化。手算任务通常过于繁重,要求进行大量的迭代。

5.4 计算集输管线下游温度

使用热传导–对流方程来计算集输管线下游某处的温度(T_d):

$$T_d = T_g + \frac{T_u - T_g}{e^x} \tag{1-3}$$

式中:T_d为集输管线下游某处温度,℉;$x = 24\dfrac{\pi DUL}{(Qc_p)}$;$D$为集输管线外径,ft;
U为传热系数,Btu/(h·ft^2·℉)(见表1-2);L为集输管线长度,ft;Q为气体流量,10^3ft^3(标)/d;c_p为比热容,Btu/(10^3ft^3·℉),一般采用26800Btu/(10^3ft^3·℉)(表1-3中所列数据乘以1000可能会更加准确);e=2.718;T_u为上游气体温度,℉(如果上游无节流装置或加热装置,这个温度指的是井口温度T_{WH},或者是加热装置的出口温度);T_g为地面温度(见表1-4),℉。

6 温降计算

6.1 概述

通常采用节流装置(气体由高压膨胀至低压)来控制气体流量。常用的是节流阀和调节阀。节流件前后产生的压降会引起气体温度的降低,如果气体处于水分饱和状态,并且节流后气体的温度低于其水合物生成温度,则节流后将产生水合物。

表1-2 不同裸管线条件下的传热系数(U)

覆层分类	覆层深度/in	传热系数(U)/[Btu/(h·ft^2·℉)]
干 燥	24	0.25~0.40
潮 湿	24	0.50~0.60
浸 湿	24	1.10~1.30
干 燥	8	0.60~0.70
浸湿–湿润	8	1.20~2.40
干 燥	24	0.230~0.40
潮 湿	24	0.40~0.50
湿 润	24	0.60~0.90
	(无土壤覆层)	2~3
平 稳	>60(水)	10
河 流	60(土壤)	2.0~2.5

GAS DEHYDRATION

表1-3 天然气比热容(相对密度为0.7)[1]

集输压力	天然气比热容/[Btu/(10^3ft^3·℉)]			
	120℉[2]	100℉[2]	80℉[2]	60℉[2]
300psi(表)	29.1	28.7	28.2	27.5
500psi(表)	30.3	29.9	29.5	29.2
700psi(表)	31.0	30.8	30.5	30.3
800psi(表)	31.6	31.4	31.3	31.1
1000psi(表)	32.5	32.4	32.4	
1200psi(表)	33.3	33.4	33.5	
1500psi(表)	34.8	35.1	35.4	
1800psi(表)	36.2	36.7	37.2	
2100psi(表)	37.2	38.0	38.7	
2500psi(表)	28.8	39.7	40.5	
3000psi(表)	40.6	41.6	42.5	

① 根据National Tank公司数据(1958);

② 集输管道内平均温度。

表1-4 平均地表温度(T_g)

覆层厚度/in	T_g/℉
36	53~58
18	25~45(北欧、加拿大、阿拉斯加)
	45~48(美国北部、中国、俄罗斯)
	48~53(美国南部、东南亚、西非、南美)

节流阀后压力降低是一个等焓过程。对于多组分物流,必须进行闪蒸计算以实现节流前后的焓平衡。这一计算最好通过计算机进行。

6.2 温降曲线

温降曲线如图1-7所示。用于气体组分未知时和用于"初次估算"时,结果较为可靠,但受液体影响,对于烃类液体需要进行修正,误差为±5%。

【示例1-2】计算节流阀前后温降

已知:某气井,套管流动压力为4000psi,凝液析出量为20bbl,下游背压为1000psi。

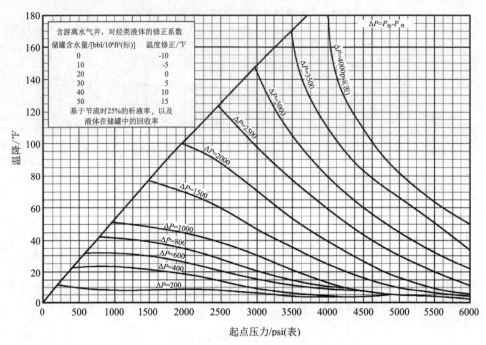

含游离水气井，对烃类液体的修正系数

储罐含水量/[bbl/10⁶ft³(标)]	温度修正/°F
0	-10
10	-5
20	0
30	5
40	10
50	15

基于节流时25%的析液率，以及
液体在储罐中的回收率

图1-7 对于天然气流，伴随给定压降的温度下降

计算过程：初始压力为4000psi，末端压力为1000psi，压降 ΔP=3000psi。从图1-7曲线可知，初始压力为4000psi、ΔP 为3000psi对应的温降 ΔT 为80°F。

7 水合物预测公式

7.1 概述

所有的公式都基于以下假定：系统由气相和水相组成，在静态测试室内剧烈晃动以实现气–液平衡；所示数据为水合物融化条件，而不是生成点的条件。组分数据结果可靠。公式用于预测水合物生成温度。

7.2 气–液平衡常数法

在压力不超过1000psi(绝)时，具有可靠的预测结果，适用于组分已知的物流。

7.3 压力–温度曲线

结果不如气–液平衡常数法精确，适用于组分未知的物流，适用于"初次

GAS DEHYDRATION

估算"或"快速查阅"。

7.4 状态方程计算

通过计算机软件预测水合物生成条件。

7.5 气-固平衡常数

下述步骤用于计算已知组分物流的水合物生成温度。

① 假定一个水合物生成温度。

② 计算平衡常数K，对任一组分，则有：

$$K_i = \frac{Y_i}{X_i} \tag{1-4}$$

式中：Y_i为气相(无水)中每个组分的摩尔分数；X_i为固相(无水)中每个组分的摩尔分数。

③ 计算每个组分的比值Y_i/K_i。

④ 各组分比值Y_i/K_i求和。

⑤ 增加温度，重复步骤①~④，直到$\sum Y_i/X_i = 1$。

图1-8~图1-12给出了不同压力和温度条件下的气-固平衡常数K。

气体H_2S含量超过30%时，其性能等同于纯H_2S。当组分比丁烷重时，其K_i值趋于无限大，因为其分子太大，难以填充腔室结构的腔室。

【示例1-3】通过气-固平衡常数计算水合物生成温度

已知：某物流的流动压力400psi(绝)，其组成见表1-5，计算结果见表1-6。

7.6 压力-温度曲线

气体组成未知或初次估算时，可采用压力-温度曲线(见图1-13)。图1-13可用于近似估算水合物的生成温度。该图与两个参数相关：气体相对密度和压力。

【示例1-4】通过压力-温度曲线预测水合物生成温度

已知：气体相对密度为0.6，操作压力为2000psi(绝)。

计算：根据压力-温度曲线，找到压力2000psi(绝)与相对密度0.6的交点，读出该点温度为68℉。

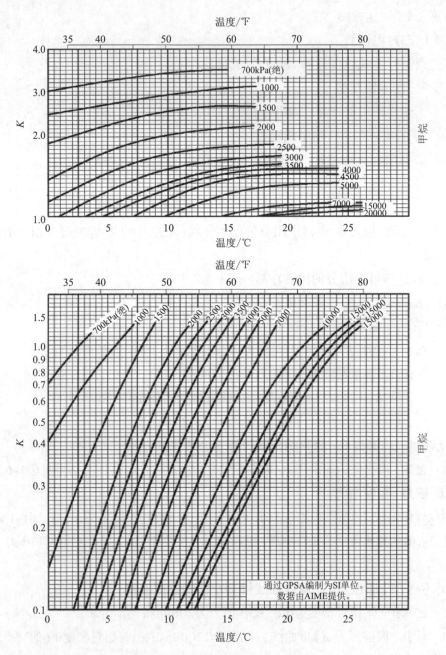

图1-8 甲烷和乙烷系统的气-固K值

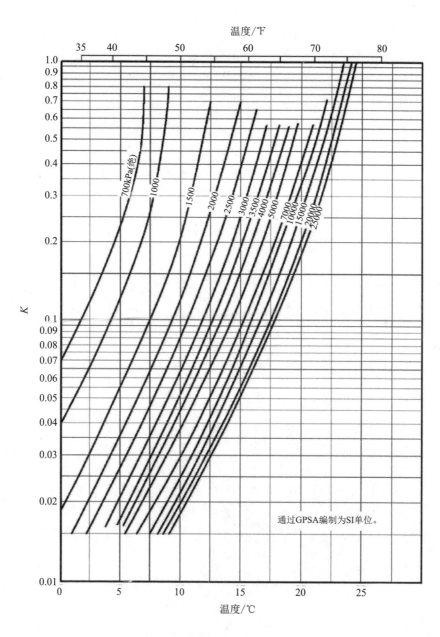

图1-9 丙烷系统的气–固K值

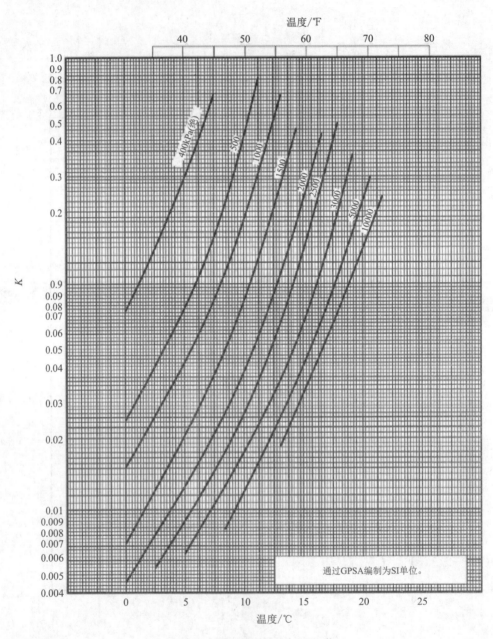

图1-10 异丁烷系统的气-固K值

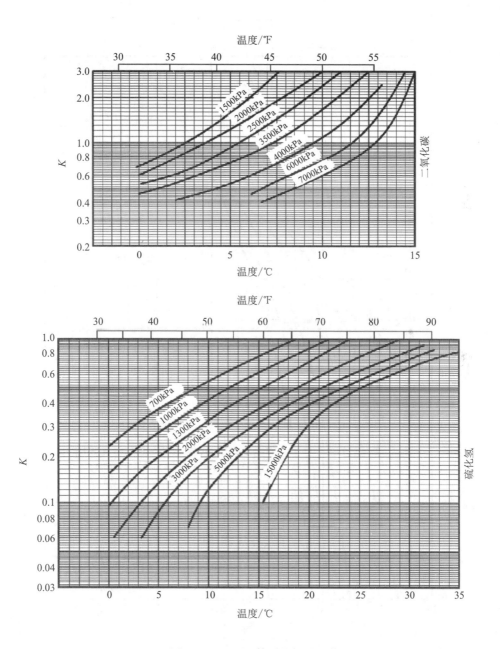

图1-11 CO$_2$和H$_2$S体系的气-固K值

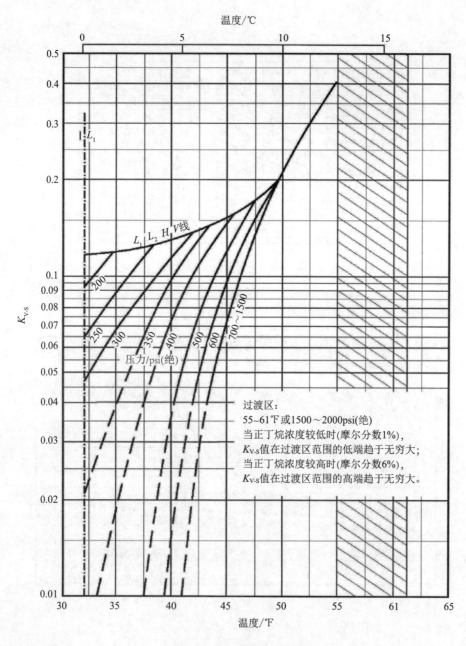

图1-12 正丁烷的气-固常数

表1-5 物流组成

组 成	摩尔分数
氮气	0.0144
二氧化碳	0.0403
硫化氢	0.000019
甲烷	0.8555
乙烷	0.0574
丙烷	0.0179
异丁烷	0.0041
正丁烷	0.0041
戊烷	0.0063
	1.00000

表1-6 计算压力400psi(绝)条件下的水合物生成温度①

组分	气相摩尔分数	70℉		80℉	
		K_i	Y_i/K_i	K_i	Y_i/K_i
N_2	0.0144	无穷大	0.00	无穷大	0.00
CO_2	0.0403	无穷大	0.00	无穷大	0.00
H_2S	0.000019	0.3	0.00	0.5	0.00
CH_4	0.8555	0.095	0.90	1.05	0.81
C_2H_6	0.0574	0.72	0.08	1.22	0.05
C_3H_8	0.0179	0.25	0.07	无穷大	0.00
iC_4H_{10}	0.0041	0.15	0.03	0.06	0.01
nC_4H_{10}	0.0041	0.72	0.00	1.22	0.00
C_5H_{12}	0.0063	无穷大	0.00	无穷大	0.00
总 计	1.0000		1.08		0.87

①线性插值，在74℉时，$V/K=1.0$，因此水合物生成温度为75℉。

8 防止水合物的生成

8.1 概述

通常采取抑制措施来防止水合物的生成。操作条件必须在水合物生成区以外，水合物生成点必须低于系统的操作条件以下。

常用的防止水合物生成的方法有：温度控制和化学药剂加注。

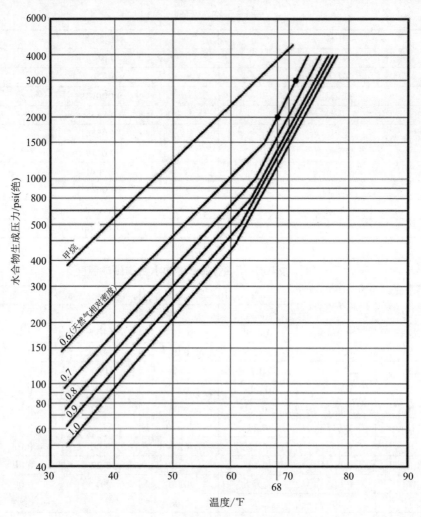

图1-13 水合物生成温度预测曲线

8.2 加热

加热是一种有效的防止水合物生成的方法,通常水合物生成温度不会高于70℉(1℉=9/5℃+32,下同)。对于陆上和海上设施来说,加热是一种简单、经济的解决方法(如果有余热可利用)。通过非直接接触式在线加热器或换热器,在流体流经节流元件前预热;在流体流经节流元件后,再次加热物流,使其温度高于水合物生成温度。对于海上设施来说，一个主要的缺陷是：如果集输管线在海底延伸几百英尺，几乎不可能保证集输管线的温度远远高于海水温度。因此，必须脱除游离水或者采取另外的方法。

8.3 温度控制

8.3.1 间接加热器

8.3.1.1 概述

间接加热器用来加热天然气，使其温度保持在水合物生成温度之上。间接加热器是一个常压容器，包括加热火管(通常是燃气、蒸汽或热媒油加热)和盘管(用来承受关井油管压力)。通过加热中间介质，利用加热后的中间介质(通常采用水)加热盘管。加热火管和盘管浸在传热介质(通常采用水)中，热量由该介质传递至盘管。

8.3.1.2 井口加热器描述

图1-14给出了常见的井口加热炉的示意流程图。自井口开始，通常包括下述装置。

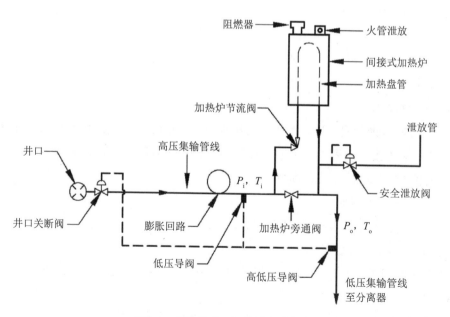

图1-14 典型的井口加热炉流程示意图

8.3.1.3 安全关断阀

气动阀,与采气树直接相连。

PSL:加热炉上游的管线压力低于某一设定值时,意味着存在管线泄漏,此时将执行关井操作,

PSHL:传输加热炉节流阀下游的管线压力,压力异常高或异常低时将执行关井操作。

8.3.1.4 高压集输管线

管线长度至少150ft,用于承受气井的关井油管压力(SITP)。

8.3.1.5 膨胀节

用于调整由于流动条件和关井条件之间温度变化而造成的管线伸缩。

8.3.1.6 尖嘴加热器针阀

尖嘴加热器针阀(见图1-15)安装在间接式加热炉中,在间接加热水浴中放置节流孔板。由于通过水浴加热节流阀孔板,因此孔板处不会形成水合物,不会引起堵塞。

8.3.1.7 加热炉旁通阀

用来承受井口关断压力,在井口压力降低接近管线输送压力时,将井口物流旁通。该旁通阀可避免对加热炉盘管产生不必要的磨损和冲蚀,并尽可能减小井口压力和管线外输压力之间的压降。

8.3.1.8 加热盘管

采用多程钢盘管,以承受井口关断压力。考虑到较高的腐蚀速率和冲蚀速率,"U"形弯头采用安全钻头式。在腐蚀和冲蚀的作用导致壁厚减半时,盘管开始发生泄漏,此时必须更换弯头。

8.3.1.9 安全阀(泄压阀)

提供对低压集输管线的超压保护。

8.3.1.10 加热炉阻火器

阻火器用来阻止通过吸入空气的方式闪燃或点燃周围材料引起的回火。

8.3.2 集输管线加热炉

管线加热炉与井口加热炉的唯一区别在于其目的不同。

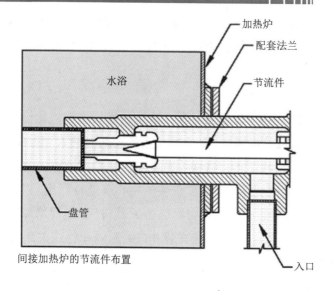

间接加热炉的节流件布置

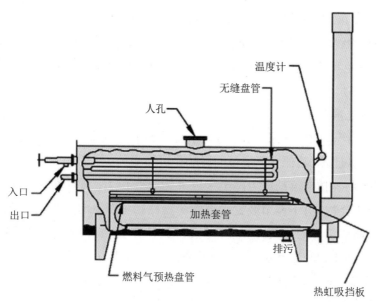

图1-15 间接加热炉详图

井口加热炉的目的是在井口或井口附近发生节流或压力降低的位置提供热量，来加热物流。管线加热装置的目的是根据需求，提供额外热量。

管线加热炉同样采用间接式加热炉设计,但节流件、关断和泄放设施将单独设置。在两种情况下都需要设置旁通阀,以保证加热炉可从正常工作流程隔离出来。

8.3.3 系统优化

在设计安装加热炉前,需要对整个系统的运行进行优化设计。通过改变操作模式,可以是降低热量需求,甚至完全不需要热量输入。例如:有多口生产井的气田,可将物流汇合后外输,这样可提高流动温度,以降低热量需求。

如果必须降低气流压力,通常在某个中心点进行降压,以提高效率,这可以保证从附近的分离器或缓冲罐获取加热炉燃料气。需要增加管线壁厚,以承受井口关断压力。另外一种方案是安装井口关断阀和管线关断阀。

8.3.4 加热炉尺寸计算

为了有效描述加热炉的尺寸,必须说明换热功率和盘管尺寸。在计算换热功率时,我们必须知道以下数据:气体、水、原油或凝析油的流量;加热炉进出口的压力和温度。加热炉出口温度与水合物生成温度有关。盘管尺寸取决于下述因素:流经盘管的流体的流量和所需换热量。应考虑特殊的操作条件,例如关井后重启动。

8.3.5 井下流量调节装置

对于高产量的气井来说,通过井下流量调节装置来调节温度是可行的,但前提是当前风险对其他井下设备的影响是可接受的。使用井下调节装置的原理是:在井下将流体自流动压力降至接近外输管线压力,同时可使节流后的温度不会生成水合物。井下调节装置上部的套管柱则可作为地面加热炉使用。

井下调节装置的相关计算非常复杂。其计算主要取决于下述因素:井眼结构、井下流动压力和流动温度,以及井深。

尽管有一些便捷的步骤可以用来估算井下调节装置是否可行,但通常专业的工具制造公司代表可提供详细的设计数据。

8.4 化学加药

8.4.1 概述

水合物抑制剂用来降低天然气的水合物生成温度。甲醇和乙二醇是最为常用的抑制剂。在所有的乙二醇连续加注和一些大型的甲醇加注项目中,需要考虑化学药剂的回收和再生。

在下述情况下,需考虑加注水合物抑制剂:

① 仅在短期内产生水合物的管线系统;

② 输送温度低于但很接近水合物生成温度的气体输送管线;

③ 压力递减区域的气体收集系统;

④ 局部产生水合物的气体管线。

甲醇和相对分子质量较小的醇类最适合用做水合物抑制剂。表1-7列出了甲醇和某些小相对分子质量醇类的物理特性。在气体集输管线或集输系统加注水合物抑制剂时,在井口安装一个分水罐通常证明是一个非常经济有效的办法。将游离水从天然气气流中分离,将会减小所需的水合物抑制的用量。

表1-7 水合物抑制剂的性质

属 性	甲醇	乙二醇	二甘醇	三甘醇	四甘醇
相对分子质量	32.04	62.10	106.10	150.20	194.23
沸点(760mm Hg)/℉	148.10	387.10	427.60	532.90	597.2
饱和蒸气压(77℉)/mm Hg	94	0.12	<0.01	<0.01	<0.01
相对密度(77℉)	0.7868	1.110	1.113	1.119	1.120
相对密度(140℉)		1.085	1.088	1.092	1.092
密度(77℉)/(lb/gal)	6.55	9.26	9.29	9.34	9.34
凝点/℉	−144	8	17	19	22
倾点/℉		<−75	−65	−73	−42
绝对黏度(77℉)/cP[①]	0.55	16.5	28.2	37.3	39.9
绝对黏度(140℉)/cP	0.36	5.1	7.6	9.6	10.2
表面张力(77℉)/(dyne/cm)[②]	22	47	44	45	45
比热容(7℉)/[Btu/(lb·℉)]	0.27	0.58	0.55	0.53	0.52
闪点/℉	0	240	280	320	365
着火点/℉	0	245	290	330	375
分解温度/℉	0	329	328	404	460
蒸发潜热(14.65psi)/(Btu/lb)	473	364	232	179	

① 1cP=1mPa·s,下同。

② 1dyne=1×10⁻⁵N,下同。

8.4.2 甲醇加注考虑因素

甲醇非常适合用作水合物抑制剂, 主要是因为其具有以下特性:

① 无腐蚀性;

② 与天然气中的任何组分均不发生反应;

③ 溶于水;

④ 管线输送状态下易挥发;

⑤ 成本低;

⑥ 饱和蒸气压高于水的饱和蒸气压。

8.4.3 甲醇加注系统描述

通过气动泵(见图1-16中的③)将甲醇注入到节流阀或者压力调节阀(见图1-16中的②)的上游。温度调节阀(见图1-16中的⑤)用来检测低压集输管线(见图1-16中的⑦)的气体温度。

根据检测结果, 相应调节甲醇加注量。通过流经气体调节阀(见图1-16中的④)驱动气的流量来驱动泵控制甲醇加注量。

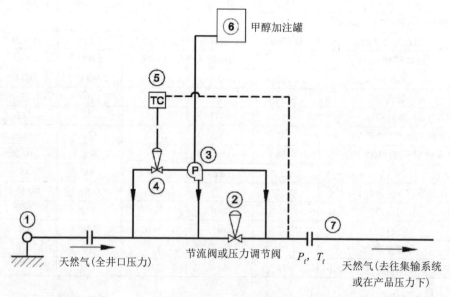

图1-16 典型甲醇加注系统

8.4.4 乙二醇加注考虑因素

乙二醇的饱和蒸气压相对较低,因此不像甲醇那样么容易产生蒸气。乙二醇在液态烃里的溶解度非常低。处于以上考虑,乙二醇的回收更加经济,因此相对甲醇系统操作成本降低。

8.4.5 乙二醇加注和回收系统描述

系统的加注部分(见图1-17的①~⑤)与甲醇加注系统类似。乙二醇系统多了一个回收系统。三相分离器(见图1-17的⑥)将烃里面的水和乙二醇分离出去。自分离器分出的乙二醇水溶液流入再沸器(见图1-17的⑦),气体则进入产品气外输管线,凝析油则排入凝析油储罐。在再沸器中,过剩的水分蒸发,与乙二醇分离。在再沸器中,乙二醇溶液再度浓缩,可重新加注到天然气物流中。乙二醇水溶液与液态烃的分离通常需要70°F以上的温度,停留时间约为10~15min。

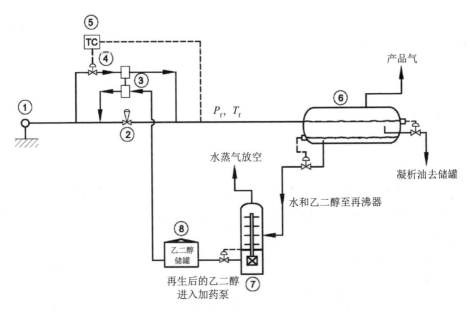

图1-17 典型乙二醇加注和回收系统

8.4.6 喷嘴设计

由于醇类的蒸气压较低,通常需要提供细小颗粒、均匀分布的喷雾,使得乙二醇与天然气充分混合,以确保最佳效果。因此通常使用喷嘴(见图1-18)实现这一操作。喷嘴选型是在醇类加注系统中,设计冷分离设施的一个主要考虑。醇类加注通常设计在在换热器或冷却器的上游。

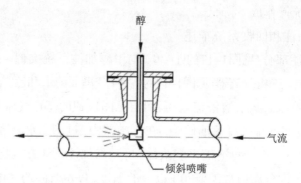

图1-18 醇加注系统雾化喷嘴示意图

正确的管嘴选型将确保乙二醇喷雾可以覆盖整个范围:喷嘴前后100~150psi的差压足够雾化醇类。工艺介质的流速不低于12ft/s。

8.4.7 醇类的选择

8.4.7.1 概述

三种用来阻止水合物生成的最为常用的醇类是乙二醇(EG)、二甘醇(DEG)和三甘醇(TEG)。选用哪种醇,取决于工艺介质的组成以及药剂供应商的建议。

8.4.7.2 陶氏(Dow)化学公司手册

如果与水合物抑制相比,醇类的回收无关紧要,那么乙二醇是天然气集输管线水合物抑制剂的最佳选择。因为乙二醇的水合物抑制效果最好,饱和蒸气压最高。

如果水合物抑制剂可能与液态烃接触,优先选取乙二醇,这主要是因为乙二醇在大相对分子质量烃中的溶解度最低。

如果蒸气损失非常严重,则考虑二甘醇或三甘醇,这是因为其饱和蒸气压较低。如果综合考虑蒸气损失和在烃类中的溶解损失,应选择二甘醇。

醇溶液的凝点必须低于系统可能出现的最低温度。作为水合物抑制剂使用时,醇的浓度通常为70%~75%,在该浓度下醇不易凝固。

再沸器温度取决于醇的类型和浓度。温度应该保持在溶液的沸点左右。

三种主要醇类的沸点曲线见图1-19、图1-20 和图1-21。

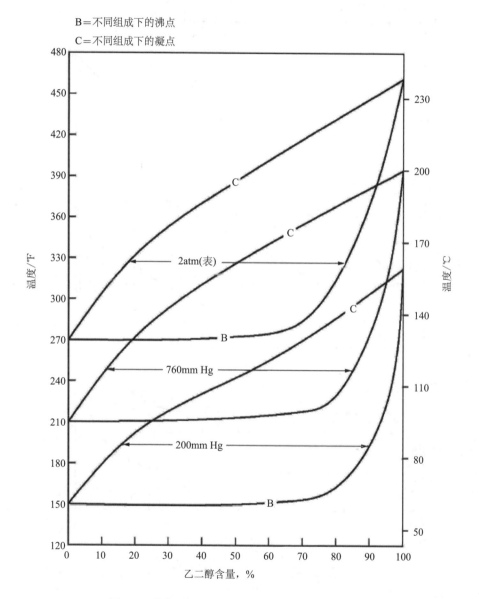

B＝不同组成下的沸点

C＝不同组成下的凝点

图1-19 不同压力下乙二醇水溶液的沸点和凝点曲线

B=不同组成下的沸点
C=不同组成下的凝点

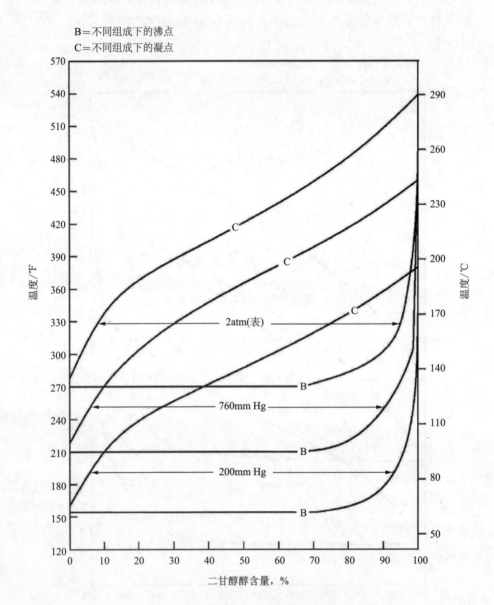

图1-20 不同压力下二甘醇的沸点和凝点曲线

B=不同组成下的沸点
C=不同组成下的凝点

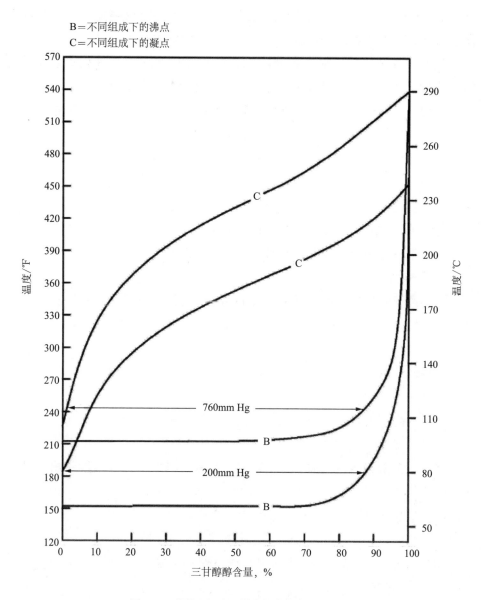

图1-21 不同压力下三甘醇的沸点和凝点曲线

举例来说，从图1-19可以看出，再沸器温度至少应保持在240℉，以保证在常压下(760mm Hg)乙二醇溶液浓度为70%。如果超过纯醇溶液的沸点，将会发生热分解，因此应尽量避免。

气液两相系统的醇损失约为1~2gal/100bbl凝析油。在气相工艺介质中的在蒸发损失和在液烃中的溶解损失，通常占总损失的比例很小，比较严重的醇类损失源自泄漏和液烃携带，再沸器内蒸发和携带同样会引起醇类的损失。

8.4.8 加注要求分类

8.4.8.1 低压-大流量

压力不超过2000psi，流量为每天几百至几千桶。

8.4.8.2 高压-小流量

压力不超过过15000psi，流量以夸脱(oz)计或加仑(gal)计。

8.4.8.3 高压-大流量

压力高于5000psi，流量为几加仑每分钟或几桶每分钟。这种情况是最难处理的工况。出现问题时，应采用不连续运行模式对表面进行局部加热，将可能发生的水合物堵塞融化。

8.4.9 单步加注和两步加注注意事项

8.4.9.1 单步加注

所有的药剂通过井下套管轴注入，这同样适用于井口和管线的情况。

8.4.9.2 两步加注

在井口下游设置第二加注点，将天然气温度降低至环境温度析出的凝析水分离。

8.4.10 化学加注系统

8.4.10.1 概述

加注系统由泵、计量装置和控制系统三部分组成。

8.4.10.2 单点加药

每个加药点由一套加药泵、计量装置和控制系统组成。

缺点：调节能力有限，操作周期成本增加；加药点增加，重量和空间随之增加。

8.4.10.3 多点加药

多个加药点共用泵,多套计量装置和控制系统。

优点:适用于不同生产能力的工况,可根据储量调整操作;闭式回路控制实现自补偿;井数增加,单口井的投资降低;加注点可根据实际需求增加;有多口井时,对重量和空间的要求低。

缺点:大量的仪表;需要多个控制回路;固定曲轴泵要求变速调节;汇管至回流管线压降大。

8.4.10.4 计量泵注意事项

① 具有泵送、计量、控制的多重功能;

② 立式或卧式;

③ 可变曲轴;

④ 稳固的设计;

⑤ 模块化施工;

⑥ 泵扬程可更换;

⑦ 高精度、重复性好;

⑧ 遵循API 675标准。

8.4.10.5 隔膜泵

优点:气封,对环境无污染;隔膜寿命长,可持续运行2年以上(20000h);内置液压泄放;隔膜自动故障机制,最大程度提供环境保障和人身安全。

缺点:采购价格高;维护复杂。

8.4.10.6 活塞泵

优点:采购价格低;维护简单。

缺点:活塞密封圈寿命通常低于2000h;活塞和活塞密封圈之间存在摩擦。

8.5 水合物抑制方法对比

8.5.1 概述

上述四种主要的方法(间接加热、甲醇加注、醇类加注和井下调节)是公认可靠有效的水合物抑制方法。

进行水合物抑制方法评估时,应考虑以下因素:投资成本和运营成本(包括化学药剂和燃料等); 空间需求(特别是对于海上设施)和操作风险。

8.5.2 加热炉

投资成本和加热炉的燃料成本相对较高, 并且对于偏远地区的操作来说, 难以保证清洁、有效的燃料供应。间接加热炉要求较大的空间; 配备合适阻火器的燃烧器可尽量降低来自燃烧设备的风险, 但在详细设计时应特别予以注意。

8.5.3 化学加注

甲醇和醇类加注的优缺点见表1-8。甲醇加注只需要提供一个分水罐以及合适的加药和喷雾装置, 而醇类加注则要求分水罐、气液分离器以及醇类再生设施, 在下游进行回收。

表1-8 甲醇和醇类药剂对比

抑制剂	优 点	缺 点
甲醇	相对低的初期投资, 设备数量少, 流程简单, 气体消耗量低	运行成本高, 必须长距离运输至现场
醇类	同时进行药剂回收时, 与甲醇加注相比, 运行成本较低, 流程简单, 气体消耗量低	初期投资高, 必须长距离运输至现场, 管线破裂时损失较大, 醇类需要再生

8.5.4 井下调节装置

该方法不需要任何常规操作, 但每次压降改变或者需要拆除井下调节装置时, 必须通过专门的测井服务公司来操作。设置了井下调节装置的井口, 在每次关井后恢复生产后, 可能需要加注甲醇或其他醇类, 直到产量和温度趋于稳定。当一口井产量下降, 低于许可的最低产量时, 必须拆除井下调节装置, 这时候可能需要采取另外一种形式的水合物抑制方法。井下调节装置不会引起特别的安全风险, 但由于调节装置需要在井内正常工作, 因此在井内遗失通常是一个需要注意的风险。

8.6 水合物抑制方法总结

甲醇加注系统通常用于小型装置的临时性的水合物抑制。大型装置或设施通常更加青睐间接加热或醇类加注系统。井下调节装置在大型高压气藏中最为适用, 这种气藏一般可提供多余的压力能, 气藏压力短时间内不会过快衰减。表1-9给出了上述几种方法的总结。

表1-9 水合物抑制方法对比

抑制方法	投资	燃料消耗	运行维护	化学药剂消耗	总平面占地	危险程度	故障时间
井下调节装置	很低	无	低	无	无	高	低
井口加热炉	很高	很高	低	很少	很大	高	低
甲醇加注	很低	无	低	很高	很小	中等	低
醇类加注	高	中等	低	高	很大	高	低

9 水合物抑制

9.1 Hammerschmidt公式

Hammerschmidt公式用来计算降低一定程度的水合物生成温度所需的水合物抑制剂的用量, 公式如下:

$$\Delta T = \frac{KW}{100(MW) - (MW)(W)} \tag{1-5}$$

式中: IT 为水合物生成的温度降, ℉; MW 为抑制剂相对分子质量; K 为经验常数(见表1-10); W 为留出系统溶液中抑制剂的质量分数。

表1-10 经验常数K

抑制剂	经验常数	
	MW	K
甲 醇	32.04	2335
乙 醇	46.07	2335
异丙醇	60.1	2335
乙二醇	62.07	2200
丙二醇	76.1	3540
二甘醇	106.1	4370

9.2 需要的水合物抑制剂总量

需要的水合物抑制剂总量=抑制剂所需水量+抑制剂蒸发损耗+
抑制剂在液态烃中的溶解损失 (1-6)

抑制剂在气相中的蒸发损失根据图1-24甲醇在气相中的蒸发损失计算。抑制剂在液烃中的溶解量约为0.5%。

9.3 确定水合物抑制剂用量的步骤

示例讲解最为清楚,参见图1-22。

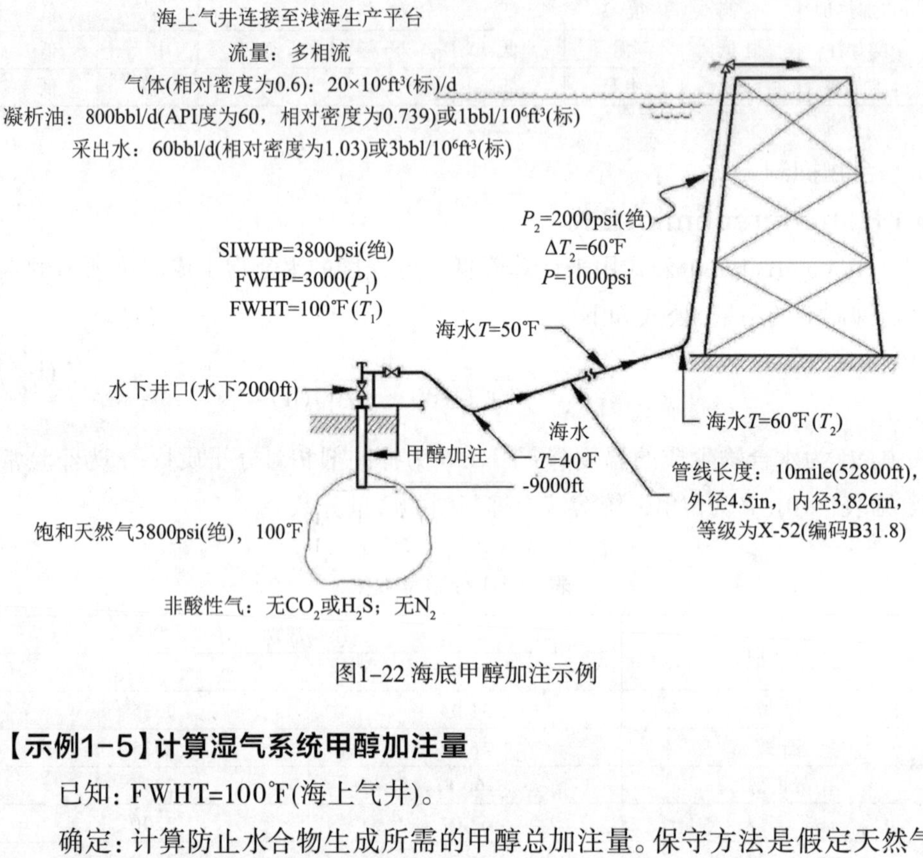

海上气井连接至浅海生产平台

流量:多相流

气体(相对密度为0.6):20×10⁶ft³(标)/d

凝析油:800bbl/d(API度为60,相对密度为0.739)或1bbl/10⁶ft³(标)

采出水:60bbl/d(相对密度为1.03)或3bbl/10⁶ft³(标)

P_2=2000psi(绝)

ΔT_2=60℉

P=1000psi

SIWHP=3800psi(绝)

FWHP=3000(P_1)

FWHT=100℉(T_1)

海水T=50℉

水下井口(水下2000ft)

甲醇加注

海水 T=40℉ -9000ft

海水T=60℉(T_2)

管线长度:10mile(52800ft), 外径4.5in,内径3.826in, 等级为X-52(编码B31.8)

饱和天然气3800psi(绝),100℉

非酸性气:无CO_2或H_2S;无N_2

图1-22 海底甲醇加注示例

【示例1-5】计算湿气系统甲醇加注量

已知:FWHT=100℉(海上气井)。

确定:计算防止水合物生成所需的甲醇总加注量。保守方法是假定天然气在井口状态下处于饱和状态。解决方法:

① 根据McKetta-Wehe(见图1-23)计算凝析水量,假定气体在井口状态下处于饱和状态。含水量[3000psi(绝),100℉]=32lb/10⁶ft³(标)(井口状态下)。含水量[2000psi(绝),60℉]=-11.5lb/10⁶ft³(标)(平台状态)。凝析水量=20.5lb/10⁶ft³(标)。采出水=+1083lb/10⁶ft³(标)。总计=1103.6lb/10⁶ft³(标)。

② 根据温度压力曲线,水合物生成温度为68℉(参见图1-13),则需要的露点降=68℉-60℉=8℉。

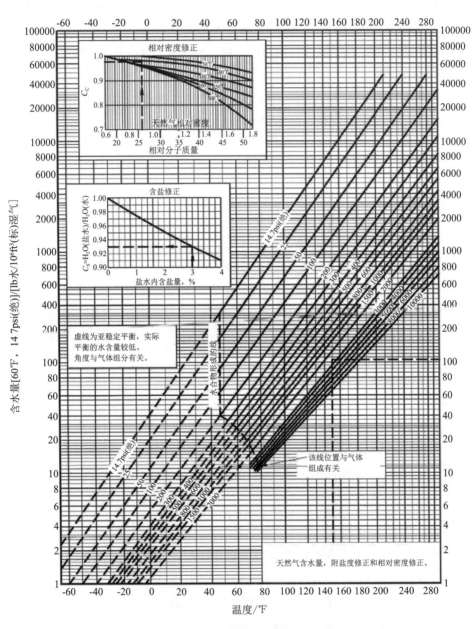

图1-23 非酸气含水量

③ 根据式(1-5)，水相中需要的甲醇浓度为：$2335W/(100 \times 32.042 - 32.042W) = 8°F$。反着推算，$W = 9.892\% = 0.09892$。

④ 因此，需要的甲醇估计为：$[0.09892/(1-0.09892)] \times 1103.65 \text{lb}/10^6\text{ft}^3(\text{标}) = 121.15 \text{lb}/10^6\text{ft}^3(\text{标})$。

⑤ 根据图1-24，2000psi(绝)、60°F下甲醇的蒸发损失为：$(x) \cdot \text{lb}$甲醇$/10^6\text{ft}^3(\text{标})[14.7\text{psi}(\text{绝}), 60°F]/$水相中的甲醇含量$=1.52$。

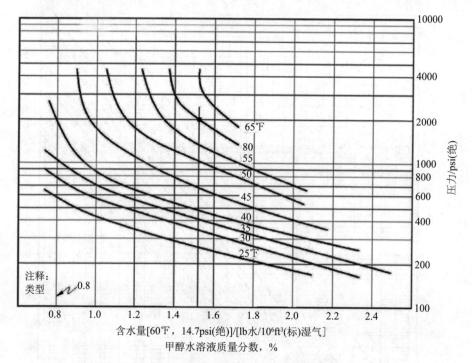

图1-24 甲醇气-液相组成比例的示例

⑥ 因此，气相中甲醇量$(x) = 1.52 \times 9.892\% = 14.94[\text{lb}/10^6\text{ft}^3(\text{标})]$。

⑦ 凝析油流量：$0.739 \times 5.6146\text{ft}^3/\text{bbl} \times 62.41\text{lb}/\text{ft}^3 = 258.9\text{lb}/\text{bbl}$。

⑧ 因此，甲醇在凝析油或液烃中的溶解量(假定溶解度为0.5%)$=[0.005/(1-0.005)] \times 258.9\text{lb}/\text{bbl} \times 40\text{bbl}/10^6\text{ft}^3(\text{标}) = 52.04\text{lb}/10^6\text{ft}^3(\text{标})$。

⑨ 因此，对于甲醇总量，液态水相为$121.15\text{lb}/10^6\text{ft}^3(\text{标})$，气相

为14.94lb/10^6ft^3(标),凝析油溶解量为52.04lb/10^6ft^3(标),总计为188.13lb/10^6ft^3(标)。188.13lb/10^6ft^3(标)×20×10^6ft^3/d(标)=3762.6lb/d。

注意对于气液井,凝析油产量较高,甲醇在凝析油中的溶解量将会影响到总的需求量。必须加注188lb的甲醇,大约121lb溶解到水溶液中。由于甲醇相对密度为0.791,这等于:[188.13lb/10^6ft^3(标)/(0.791)]×8.3453lb/gal=28.5gal/10^6ft^3(标);[28.5gal/10^6ft^3(标)]/(42gal/bbl)=0.679bbl/10^6ft^3(标);[0.679bbl/10^6ft^3(标)]×20×10^6ft^3(标)=13.57bbl/d。

注意:在图1-25所示的甲醇总量敏感度分析中,甲醇溶解度范围为0.5%～3.0%(当前研究报告和实验室分析建议甲醇的溶解度实际上接近于0.5%)。

输入值					
CASE ID	Well#1	Well#1	Well#1	Well#1	Well#1
Q_g=标况气体流量[10^6ft^3(标)]	20	20	20	20	20
Q_1=凝析油流量(bbl/d)	800	800	800	800	800
Q_w=游离水流量(bbl/d)	60	60	60	60	60
SG_g=气体相对密度	0.600	0.600	0.600	0.600	0.600
SG_c=凝析油相对密度	0.739	0.739	0.739	0.739	0.739
SG_w=游离水相对密度	1.030	1.030	1.030	1.030	1.030
SQ_m=甲醇相对密度	0.791	0.791	0.791	0.791	0.791
W_c%=甲醇在凝析油中的溶解(%)	3.00	1.50	1.00	0.80	0.53
W_1=节流阀上游饱和水量[lb/10^6ft^3(标)]	32.0	32.0	32.0	32.0	32.0
W_2=节流阀下游饱和水量[lb/10^6ft^3(标)]	11.5	11.5	11.5	11.5	11.5
P_2=节流阀下游压力[psi(表)]	2000	2000	2000	2000	2000
T_2=节流阀下游温度(℉)	60.0	60.0	60.0	60.0	60.0
dT=水合物生成以上温度余量(℉)	0	0	0	0	0
中间值					
W_f=游离水(lb/d)	21653	21653	21653	21653	21653
W_c=凝析水(lb/d)	410	410	410	410	410
W_o=总水量	22063	22063	22063	22063	22063
R=甲醇气/液比[lb/10^6ft^3(标)/%]	1.508	1.508	1.508	1.508	1.508
d=水露点降(℉)	8.35	8.35	8.35	8.35	8.35

中间值					
K_h=抑制剂常数(lb·℉/lbmol)	2335	2335	2335	2335	2335
MW_i=甲醇相对分子质量(lb/mol)	32042	32042	32042	32042	32042
=水相中需要的抑制剂质量分数	10.28	10.28	10.28	10.28	10.28
W_v=甲醇气相损失(lb/d)	310	310	310	310	310
W_1=甲醇在水中溶解量(lb/d)	2527	2527	2527	2527	2527
W_c=甲醇在凝析油中的溶解量(lb/d)	6406	3154	2092	1670	1111
输出结果					
T_h=天然气水合物生成温度	68.3	68.3	68.3	68.3	68.3
W_m=甲醇质量流量(lb/d)	9243	5991	4929	4507	3948
W_m=甲醇质量流量(lb/h)	385	250	205	188	164
W_m=甲醇质量流量[lb/10^6ft^3(标)]	462	300	246	225	197
Q_m=甲醇液体流量(gal/d)	1401	908	747	683	598
Q_m=甲醇液体流量(bbl/d)	33.3	21.6	17.8	16.3	14.2
Q_m=甲醇液体流量(gal/min)	0.97	0.63	0.52	0.47	0.42
Q_m=甲醇液体流量[gal/10^6ft^3(标)]	70.07	45.39	37.35	34.15	29.91
Q_m=甲醇液体流量[bbl/10^6ft^3(标)]	1.67	1.08	0.89	0.81	0.71

图1-25 甲醇溶解度敏感度分析电子表格

10 练习题

① 计算在2000psi(绝)、100℉条件下的下述气体的含水量(见表1-11)。

表1-11 在2000psi(绝)、100℉条件下气体的含水量

组 分	含水量,%(摩尔分数)
N_2	8.5
H_2S	5.4
CO_2	0.5
C_1	77.6
C_2	5.8
C_3	1.9
iC_4	0.1
nC_4	0.1
iC_5	0.1
	100.0

使用下述方法：McKetta-Wehe曲线；加权平均法；SRK快速计算法。

② 饱和天然气，离开井口的温度、压力分别是122℉和2900psi(绝)。气体在离开井口一段距离后进入分离器，操作压力1015psi(绝)，温度50℉。分离器中将分离出多少液态水？

③ 已知气体物流压力1000psi(绝)，相对分子质量为20.37，组成见表1-12。

表1-12 相对分子质量为20.37的气体物流组成

组 成	含水量，%(摩尔分数)
N_2	10.1
C_1	77.1
C_2	6.1
C_3	3.5
iC_4	0.7
nC_4	1.1
C_{5+}	0.8

根据下述方法计算水合物生成温度：气-固平衡常数和压力温度曲线。

④ 计算节流阀前后的温度降，套管流动压力为5000psi(绝)，下游背压为1000psi(绝)。井口物流含液体烃60bbl/10^6ft^3/d(标)。

⑤ 天然气气量9.5×10^6ft^3/d(标)(相对密度0.65)，其水合物生成温度由70℉降至40℉。假定管线输送压力为900psi(绝)，如果气体在90℉下以饱和状态(无游离水)进入集输管线，计算需要的甲醇加注量。

参考文献

Arnold, K., & Stewart, M. (1995). Surface production operations: Design of gas-handling systems and facilities. Houston: Gulf Publishing Co. Chapter 4.

Karge, F. (1945). Design of Oil Pipelines. Petroleum Engineer, (May).

McKetta, J. J., & Wehe, A. H. (1958). Use this chart for water content on natural gases. Petroleum Refiner, (August), 153.

Minkkinen, A., et al. (1992). Methanol gas-treating scheme offers economics, versatility. Oil and Gas Journal, (June), 65.

National Tank Company (1958). Engineering Methods: Specific Heat Factors–Temperature vs. Pressure, Tulsa OK.

Nielsen, R. B., & Bucklin, R. W. (1983). Why not use methanol for hydrate control. Hydrocarbon Processing, (April), 71.

第二部分 脱水方法

1 概述

如果抑制水合物生成的方法不适宜,而且很容易形成水合物,则其中的一些水必须从气体中脱除。脱水是从物流中脱除水的工艺。天然气脱水可以通过几种工艺实现,其中最常见的两种方法是:吸附法和吸收法。

另外,文中还将描述一种不太常见的脱水方法,那就是不可再生脱水器(氯化钙盐水单元)。

2 吸附法

2.1 工艺概述

吸附是一种物理现象,发生在气体分子和某种固体表面接触时,其中部分将凝结于其表面。使用干燥剂脱除某种气体(或液态烃)中的水分是一个吸附工艺,干燥剂会优先留下水分子,从而将其从气流中脱除。吸附包含了在固体干燥剂和天然气中水蒸气表面间形成的附着力。在干燥剂表面,水形成一层薄膜被引力吸引,而非发生了化学反应。干燥剂是一种固体,每单位重量的干燥剂具有大量有效表面积(大量的小孔)的颗粒性脱水介质。典型的干燥剂每磅的重量可能具有高达$400 \times 10^4 ft^2$的表面积。

常用的干燥剂包括氧化铝、硅胶、分子筛。许多等级和品质的这类物质都是从商业领域可以获得的。

图2-1是一个分子筛颗粒的放大图片。

2.2 吸附原理

在小的表面实现平衡之后,将显示以下"画面":

① 一些通过的分子将在表面凝结(物理与化学吸收);

② 在有限时间之后,该分子可能获得足够的能量离开,并由另外的分子所取代;

③ 在足够的时间后,将达到一种平衡状态,即离开表面的分子数量与到达的分子数量相等。

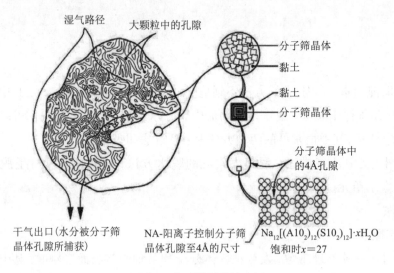

图2-1 分子筛颗粒放大图

表面的分子数量是以下性质的函数:吸附剂的性质、被吸附分子的性质(被吸附物)、吸附剂表面系统的温度和被吸附物的浓度。

2.3 可逆工艺

吸附工艺可能以该工艺同样的方式发生逆转。低温和高压促进吸附,高温和低压促进解吸(吸收的逆过程)。

2.4 传质区(MTZ)

在填料床的进口及内部一定距离内,吸收剂被流体中可吸收组分饱和至基础平衡值,比如天然气中的水。在填料床的出口,吸附剂是不饱和的,而且与气体中含水量达到平衡态。传质区被定义为这两个区之间的区域,在这里天然气中水浓度下降(见图2-2)。传质区的长度可以通过对各种材料和系统的实验获得,并可用于设计目的的图形关系。

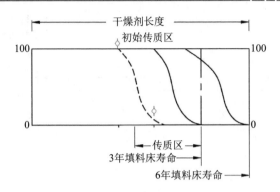

图2-2 传质区(MTZ)示意图

传质区是以下因素的函数:

① 吸附剂;

② 吸附剂颗粒尺寸;

③ 流体速度;

④ 流体性质;

⑤ 进口流体的被吸附物浓度;

⑥ 吸附剂再生未完全时吸附剂中被吸附物的浓度;

⑦ 温度;

⑧ 压力;

⑨ 系统过去的历史。

2.5 操作原理

2.5.1 介绍

吸附工艺是一个间歇工艺过程(batch process),使用循环操作的多组干燥剂填料床连续干燥气体。干燥剂填料床的数量和布置,因两塔、选择吸收(见图2-3)或多塔等工艺形式而不同。

必须在每个干燥塔执行三个单独的功能或周期:

① 吸附或气体干燥周期;

② 加热或再生周期;

③ 冷却周期(为另一个吸附或气体干燥周期准备再生填料床)。

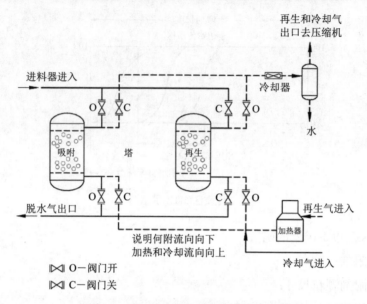

图2-3 双塔固体干燥剂脱水系统简化流程图

2.5.2 系统组件

固体干燥剂脱水系统(见图2-4)的基本要素有以下几方面。

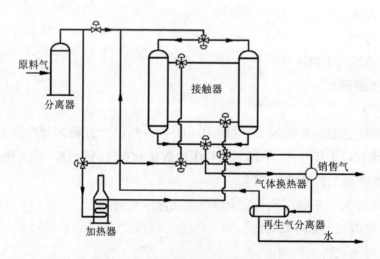

图2-4 固体干燥剂脱水装置的流程图

① 进气气流超细纤维过滤分离器;

② 两个或多个充满固体干燥剂的吸附塔(接触塔);

③ 高温加热器提供热再生气体,使得塔里的干燥剂再生;

④ 再生气体冷却器冷凝热再生气中的水;

⑤ 再生气体分离器脱除再生气中的冷凝水;

⑥ 管网、切换阀、直接控制和根据工艺要求控制气体流量。

2.5.3 干燥/再生周期

图2-5显示了一个典型的双塔单元的流向,其中第一个塔正在干燥。

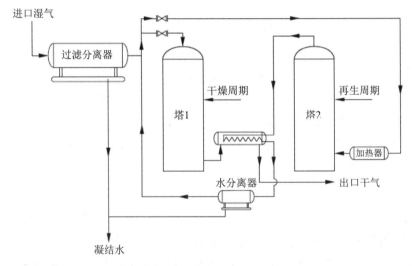

图2-5 典型双塔天然气干燥流程图

湿入口气体首先通过一个高效的超细纤维入口过滤分离器,游离液体、夹带液雾和固体颗粒在里面被脱除。游离液体可能损害或破坏干燥剂填料床;固体可能堵塞填料床。

如果脱水单元在胺单元、甘醇单元或者压缩机的下游,则强烈推荐在吸附塔上游设置一个超细纤维入口过滤分离器。在任何给定的时间里,其中的一塔将处于吸收或干燥周期,而另一个塔将处于被加热或冷却的工艺。若干自动切换阀和一个控制器将入口气体和再生气体在适当的时间引至正确的塔。塔的再生需要加热5~6h，然后在余下的2~3h内冷却。

当湿气沿着处于吸附周期的塔向下流动时，每个可被吸收的组分以不同的速率被吸附。在干燥剂填料塔的顶层，水蒸气被立即吸收。一些轻烃气体和重烃向下通过填料床时也被吸附。当吸附周期运行时，干燥剂填料塔中重烃将取代较轻的烃类。随着上部的干燥剂被水分饱和，则在较低的填料层中，湿气中的水分开始取代前面吸收的烃类。对于入口气体的每一个组分，都会有一段深度的床层，从顶部到底部干燥剂被该组分所饱和，而这段床层之下的干燥剂才刚刚开始吸附。

从饱和到开始吸附这部分深度的填料床是传质区(MTZ)。传质区仅仅是一个组分从气流传递质量到干燥剂表面的一个区域或一段填料床。随着气体不断的流动，传质区沿着填料床向下移动，水分取代所有此前吸收的气体直到最终整个填料床都被水蒸气所饱和。当填料床完全被水蒸气所饱和，则出口气体只是和进口气体一样湿。塔必须在填料床完全被饱和之前，从吸附周期切换至再生周期(加热和冷却)。

一个再生气供应方案包括：通过减压阀驱动一定比例的上游气体(占进口湿气5%~15%)进入再生系统。在大多数工厂，使用流量控制器调节再生气的用量。再生气被送至加热器从400℉加热到600℉，然后用管道引至塔中再生。

首先，热再生气必须加热塔和干燥剂。当热气温度达到240~250℉，水开始蒸发。当水分被慢慢解析或离开干燥剂时，填料床将继续缓慢加热。当所有的水分被脱除后，还要维持加热，以析出任何重烃和在低温下无法蒸发的污染物。当出口气体(峰值)温度已经达到350~550℉之间时，干燥剂填料床会适于再生。加热周期之后，干燥剂填料床会通过为加热的再生气流所冷却直到干燥剂足够冷却。加热循环后干燥剂床冷却到常温，再生气体流动直到干燥剂充分冷却。所有用于加热和冷却周期的再生气要经过一个换热器(通常是空冷器)，在那里再生气将冷凝从再生的干燥剂填料塔中脱除的水分。水从再生气分离器分离，而出口气体将与进口湿气混合。整个这一过程是连续的和自动的。

2.5.4 性能

优点：可以达到非常低的露点(不到1μL/L)；高温接触成为可能；适应大流

量和负载变化。

缺点：初始成本高；间歇式工艺过程；通过填料床时经过高压降；液体或气体中的其他杂质易使干燥剂中毒。

2.6 工艺变量的影响

若干工艺变量对干燥吸收塔尺寸和操作效率有重要影响：

① 进料气指标；

② 温度；

③ 压力；

④ 周期；

⑤ 气流速度；

⑥ 再生气体的来源；

⑦ 干燥剂的选择；

⑧ 再生气对出口气体指标的影响；

⑨ 压降的考虑。

2.6.1 入口气体指标

干燥床脱水器性能的影响因素有：进料气的含水率和产品天然气的组分。

进口气的相对饱和度，决定了所选填料塔床的尺寸，影响从水分到吸附剂的转移。

对大多数干燥剂而言(除分子筛之外)，当干燥饱和气体(100%的相对湿度)时，随后再干燥部分饱和的气体时，对于分子筛之外大多数干燥剂来说，都可以预期达到更高的处理能力。在大多数气田的应用中，进料气都考虑水蒸气饱和，因此不需要考虑这一变量。

生产天然气时的化合物对干燥床脱水器的性能有不利影响。相关组分有：二氧化碳、重烃、硫化物。化合物的相对分子质量越大，其吸附潜力就越大。

2.6.2 温度

2.6.2.1 一般考虑

操作对进料气的温度较为敏感。效率随着温度的增加而降低。分子筛和大多数其他吸附剂在低温时拥有高得多的吸附能力。图2-6表明对硅胶和5A分子筛都有这一特性。

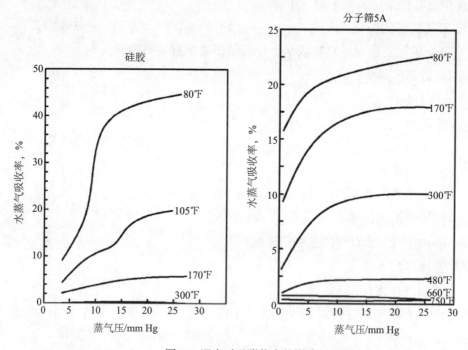

图2-6 温度对吸附能力的影响

　　80°F下硅胶在的水容量将增加到比较高水分压下的分子筛的两倍还多。在脱水器前和进料气混合的再生气温度非常重要。温度必须保持在10~15°F,否则液态水和烃类会在热气冷却时凝结。穿透填料床的凝结液体会缩短固体干燥剂的寿命。

　　在加热周期内,进入和离开干燥塔的热气温度影响装置效率和干燥剂寿命。再生气体的高温可以确保对水分和填料床污染物良好的脱除能力。

2.6.2.2 最高温度

　　最高温度取决于污染物的类型和"抓力(干燥剂对污染物的吸引力)"。

　　通常采用450~600°F。干燥剂填料床温度在冷却周期达到所需温度是很重要的。

如果使用湿气体冷却干燥剂,当填料床达到125℉时,冷却周期终止。额外的冷却会导致湿气中的水被吸收,并在下一吸附周期开始前预加载(预饱和)填料床。

如果使用干气冷却干燥剂,在进气温度的10～20℉之间终止冷却周期,将使填料床的吸附能力最大化。

再生气经过再生气分离器时的温度应该维持足够低,以冷凝和脱除水和烃液,而不会导致水合物问题。

2.6.3　压力

一个干燥床单元的吸附能力随着压力的降低和它的应用而减少。在远低于设计压力的条件下,操作干燥床脱水器要求干燥剂更努力地工作:除去额外的水;维持所需的出口露点。

具有相同体积的进料气体,较低压力下增加的气速可能会影响出口的含水率,损害干燥剂。

在压力高于1300～1400psi(绝)时,同时吸附烃类的效应非常重要。

2.6.4　循环时间

多数吸附剂使用在最恶劣工况设定的循环时间作为一个固定的干燥周期。吸附剂的能力并不是一个固定值,它随着使用时间延长而降低。对于起初几个月的操作,一套新的干燥剂通常具有很高的脱水能力。如果在气体出口使用含水分析仪,能够达到一个更长的干燥周期。随着干燥剂使用时间的推移,可以缩短周期时间,以节省再生燃料的成本,并提高干燥剂的寿命。

常用的周期时间:

① 吸附8h;

② 加热5～6h;

③ 冷却2～3h。

2.6.5　气体速度

随着干燥周期内气体速度的减小,干燥剂从气体脱水的能力由于如下原因提高:降低出口的含水率和延长干燥周期时间。

图2-7显示了气体速度对脱水程度的一般影响。

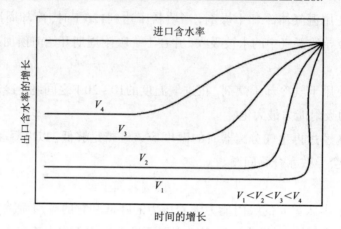

图2-7 系列吸附曲线显示了流速对单一干燥剂吸附能力的影响

从表面上看，似乎运行在最小流速上，从而充分利用干燥剂是理想的，然而较低的线性速度会导致以下状况：需要拥有较大截面积的塔来处理给定的气体流量；允许湿气在干燥剂填料床上"沟流"通过，因此无法正常脱水。

必须在塔径和干燥剂最大利用率之间做出让步，如图2-8所示。最大的表面速度见表2-1。高线性速度会导致较低的吸附效率，可能会破坏干燥剂。

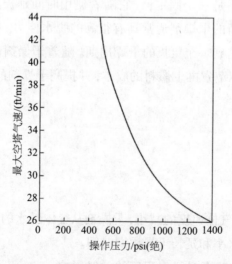

图2-8 向下流动的最大气作为操作压力的函数

最小塔直径可以通过以下公式来确定：

$$d^2 = 3600\left(\frac{Q_g TZ}{VP}\right) \tag{2-1}$$

式中：d为塔内径，in；Q_g为气体流量，10^6ft^3/d(标)；T为气体温度，°R；Z为压缩因子；V为空塔气速，ft/min(见表2-1)；P为塔操作压力，psi(绝)。

表2-1 最大空塔气速

塔操作压力/psi(表)	最大空塔气速/(ft/min)
14.7	110
400	60
600	55
1000	40

再生气体速度是很重要的，特别是当气体出口含水率要求低于1μL/L时。

当速度小于10ft/s时，热气会通过"沟流"穿过填料床，再生后仍残余多余的水，导致较差的脱水效果。

2.6.6 再生气体的来源

再生气体来源取决于工厂需要和某合适气流的可用性。

当出口要求低水含量时(在0.1mg/L的范围内)，再生气体应该是干燥的。一般可以使用站场尾门气。如果只需要适度的干燥，则可以使用一部分进料湿气。

图2-9是一个显示水荷载常数线的平衡状态图。例如：在100°F下与水露点为-80°F的气体处于平衡态的分子筛填料床将包含约4%的水。

给出的被吸附-吸附平衡曲线可用于估计再生的必要条件，用以提供所需的出口条件。例如：如果再生气体取自露点为40°F的进口天然气，并被加热至露点450°F，则分子筛再生后会含有3%的水。如果气体处理温度为100°F，则通过3%线和吸附温度100°F可得到最小露点为-95°F。如果这个露点无法满足要求，则要么再生气体必须加热到450°F以上，要么更高天然气露点的气体(如干气)必须用于再生气体。

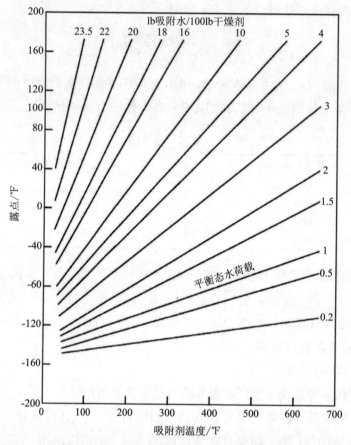

图2-9 4A分子筛水荷载常数平衡状态图

2.6.7 气体流动方向

流动方向的影响：出口气体纯度；再生天然气的要求；干燥剂寿命。

在干燥周期下气流方向向下，则有如下情况：在没有提升或流态化干燥剂填料床的条件下，允许更高的气速；意味着流态化会严重破坏干燥剂。

在加热周期流动方向和吸附时的流向恰恰相反。它允许干燥剂填料床底部更好地再生，必须在干燥周期实施深度脱水，特别是对于低温设施。如果流动是同向的，则所有的水和/或其他污染物必将穿过整个填料床，进而造成额外的干燥剂污染，并需要更长的再生时间。

在冷却周期的流动方向：当使用干气时，流动方向和吸附时为逆流，从而简化了管道和阀门配置。当使用湿气时，流动方向与吸附时同向，因此当冷却周期干燥剂冷却时，吸附的水会在填料床的进口预先加载。

如果使用逆流流动，水会沉积在填料床的出口端，当下一个吸附周期开始时，湿气体会立即被干燥。随着干气继续向下通过填料床，在冷却周期它会带起一些沉积水，有时会使得出口气流中带入过多水分。

如果使用湿气，则当计算脱水所需干燥剂时，应该包括沉积在冷却周期的额外水负荷。

2.6.8 干燥剂选择

没有哪种干燥剂对于所有应用是最好的。干燥剂的选择是基于经济考虑和工艺条件。

干燥剂通常是可互换的，为一种干燥剂设计的设备通常可以有效地用于另外的干燥剂。

没有干燥剂产品在携带大量液体之后还能保持有效。所有的干燥剂都会被带入填料床的气体杂质损坏，包括原油和凝析油、甘醇类和胺类、多数缓蚀剂和井场液体。

所有干燥剂随着温度的增加都展示出能力的降低(设计荷载)。分子筛受影响较小，氧化铝受影响最深。氧化铝和分子筛作为H_2S形成羟基硫的催化剂，再生时将在干燥剂填料床上沉积硫。氧化铝凝胶、活性氧化铝和分子筛都被强无机酸侵蚀从而降低其吸附能力。特殊耐酸分子筛干燥剂是可供使用的。表2-2提供了某些更常见的固体干燥剂的物理特性。

表2-2 固体干燥剂的物性

干燥剂	密度/(lb/ft³)	比热容/[Btu/(lb·℉)]	一般尺寸	设计吸附能力, %
活性氧化铝	51	0.24	$\frac{1}{4}$in～8目	7
美孚硅胶	49	0.25	4～8目	6
萤石氧化铝	50	0.24	4～8目	4～5
Gel(H-151)	52	0.24	$\frac{1}{8}$～$\frac{1}{4}$in	7
硅胶	45	0.22	4～8目	7
分子筛(4A)	45	0.25	$\frac{1}{8}$in	14

2.6.8.1 分子筛

当原料气温度非常高或者在相对低的饱和度时, 将提供所有干燥剂中最强的吸附能力。可为冷却装置提供小于1mg/L含水量干气的唯一干燥剂(露点低至−150℉)。

2.6.8.2 硅胶及氧化铝

进入脱水器的饱和水的气体可以吸附两倍于分子筛的水分, 并只需要更低的一次成本。

2.6.8.3 硅胶

硅胶可以在低得多的温度下(硅胶为400℉, 相比分子筛需要500~600℉之间)再生至比分子筛更低的含水量。游离水或轻烃液体的存在会对它造成损害。该问题通过使用4~6in厚的用莫来石球(或等同物质)构成的缓冲填料床来避免直接接触硅胶。

2.6.8.4 固体干燥剂的期望特性

① 高吸附能力(lb/lb), 这样可以减小吸收塔的尺寸;

② 易于再生, 简化操作和提高经济性;

③ 大流量吸附, 它允许更高的气体速度, 从而减小了吸收塔的尺寸;

④ 低气流阻力, 可以减少气体通过单元的压降;

⑤ 重复再生后仍然保持高吸附能力, 在更换前允许较小的一次填充和较长的使用寿命;

⑥ 高机械强度, 可抵抗破碎和粉末的形成;

⑦ 惰性物质, 可防止在吸附和再生时发生化学反应;

⑧ 当产品湿的时候体积保持不变, 否则需要考虑体积膨胀时所必需的费用;

⑨ 无腐蚀性和无毒性, 避免采用特殊合金和为保护操作员安全而采取的昂贵措施;

⑩ 低成本, 以降低初始费用和更换费用。

2.6.9 再生气对出口气质量的影响

再生气体按照预定的顺序在分子筛填料床实现不同气体的解吸。例如: 吸附的甲烷和乙烷会首先解吸, 然后是丙烷和重烃, 之后是二氧化碳, 接着是进气中已经存在的硫化氢，最后是水。当再生气量是进口净气量的10%~15%时，这些杂质的浓度对再生气流的影响可能是重大的。

在再生回路中，大量的水和一些重烃凝结，并从系统中脱除。它们可能使销售气短时间内不合格；乙烷或二氧化碳的存在或会导致销售天然气实际的热值超标；3~4μL/L的H_2S浓度可以浓缩到该量的20倍，从而使得该混合组分远远不合格。

图2-3显示了冷却的再生气重新混入主原料气进行处理。这一循环从本质上消除了造成不合格销售气的问题，但是它在一定程度上增加了成本，所以主原料气处理能力的增加必须恰当。

如果销售气限制没有问题，或如果下游有其他的加工设施，则冷却、分液后的再生气可能允许不经循环直接接至出口干气。

2.6.10 压降的考虑

为实现可接受的脱水并延长干燥剂的寿命，则通过脱水塔的压降不应超过8psi。通过塔的压降可以通过以下任一条件估计. 干燥剂压降曲线由制造商提供(见图2-10)或由压力损失方程推导。

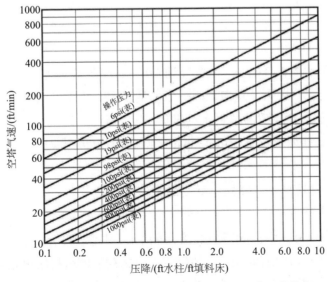

图2-10 硅胶型干燥剂典型压降曲线(0.15in直径的粒径)

通过干燥塔的压降可以通过以下公式估算：

$$\frac{\Delta P}{L} = B\mu V + C\rho V^2 \qquad (2-2)$$

式中：ΔP为通过塔的压降，一般取5psi；μ为气体黏度，cP；ρ为气体密度，lb/ft^3；V为空塔气速，ft/min；B、C为表2-3中提供的常数。

表2-3 用于压降方程的常数

颗粒类型	B	C
$^1/_8$ in的粒径	0.0560	0.0000889
$^1/_8$ in的挤压件	0.0722	0.0001240
$^1/_{16}$ in的粒径	0.1520	0.0001360
$^1/_{16}$ in的挤压件	0.2380	0.0002100

【示例2-1】确定通过脱水塔干燥床的压力降

假设：空塔气速为40ft/min，塔操作压力为1000psi(表)，气体相对分子质量为18，床层高度(L)为30ft，干燥剂类型为硅胶，干燥剂直径为0.15in。干燥剂压降曲线见图2-10。

说明：干燥剂压降曲线是基于空气，而对于其他气体，该压降乘以；压降曲线是基于干净的填料床。大约两年后，填料床将稍微变脏，而且压降将会成为曲线读数值的1.6倍。

结论：进入图2-10，从空塔气速40ft/min延长水平线，与操作压力1000psi(表)交叉。从交叉点向下画一条垂直直线，并读出压降值1.9ft水柱/ft填料床。计算运行两年后的填料床总压降。总压降为：

ΔP=(1.9ft水柱/ft填料床)×(0.433psi/ft水柱)×(18/29)$^{0.9}$×1.6×30=25(psi)

2.7 设备

设备的正确选择对良好操作至关重要。

2.7.1 进气清洁设备

必须从进口气体中清除所有烃液、游离水、甘醇、胺液或润滑油，以确保最佳的干燥剂脱水器操作。在所有情况下，应该在干燥填料床单元和井流初级分离器之间设一个洗涤器(或过滤分离器)。如果可能携带甘醇、胺液或者压缩机润滑油,则应该总是在进口涤气器上游安装一个超细纤维过滤分离器(或等同)。液位控制及排污管线经常需要检查,以确保其可操作性。

2.7.2 吸附塔

一般考虑:一个吸附器是一个充满固体干燥剂的圆柱形塔。干燥剂的厚度会从几英尺到30ft以上不等。容器直径可能多达10~15ft或更大。床层长径比(L/D)通常取2.5~4.0。有时使用较低的比例(1∶1),这将因为以下原因而导致较差的天然气脱水效果:非均匀流;沟流;湿气和干燥剂的接触时间不充分。

通常造成较差操作的三个问题如下:气体分布不充分;隔热不恰当;填料床的不当支撑。

图2-11说明了许多推荐用在干燥剂吸收塔上的特征。

2.7.3 气体分布不充分

干燥剂填料床的进出口较差的气体分布已经导致许多成本增加问题,包括"沟流"和干燥剂损坏。入口气体分配器应该在气体进入十燥剂填料床之前提供足够的挡板,推荐18~24in的空间,不管是要脱水的气体,还是再生气都不能直接冲击在填料床上。

沟流、局部高速和涡流会引起干燥剂磨损,在整颗粒之间形成磨损的粉末,将导致填料床压降升高。推荐低速气体通过包装了保护层的开槽管迅速进入容器。

一个4~6in厚的大直径(2in)支撑球可以放置于干燥剂床顶部。这样将改善气体分布,防止干燥剂因涡流而损坏。

涡流可以通过将粉状干燥剂变成喷砂剂以摧毁几英尺的耐火材料衬里,这将导致高热量损失和较差的干燥剂再生效果。

2.7.4 不充分的隔热

可以使用内部或外部隔热。

内隔热降低了再生天然气总需求和成本,消除了吸附器加热和冷却的需要。必须规定膨胀和收缩量,这样就不会开裂或焊接失败:

① 通常是由耐火材料衬里制作;

② 衬管开裂允许一些湿天然气绕过干燥剂床;

③ 只有少量湿的、绕过气体可以导致低温装置冻结;

④ 沿着容器壁每几英尺安装支架有利于消除内衬开裂。

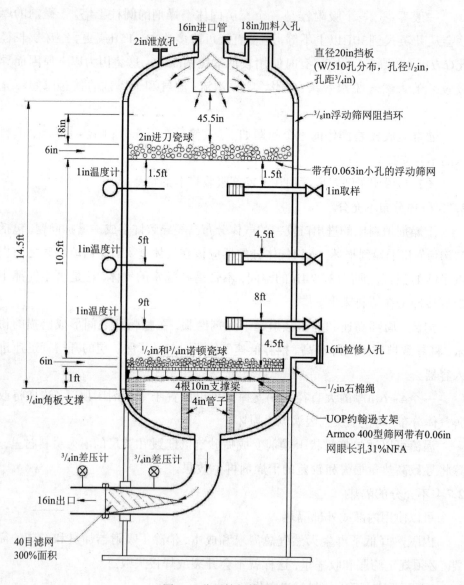

图2-11 分子筛气体脱水塔

2.7.5 不合适的填料床支撑

两种常见的填料床支撑包括：由工字钢梁和环圈支撑的水平筛网；容器底部封头充满了升级的支撑球。

筛网通常由不锈钢或蒙乃尔合金制成，其开口至少比最小的干燥剂颗粒小10目。0.033in的槽眼能留住标准干燥剂颗粒，筛网挡住碎掉的干燥剂颗粒，从而防止损坏的干燥剂颗粒"入侵"导致的下游设备故障。

筛网应该牢固地连接于容器中，应该规定当吸收塔加热和冷却时的膨胀和收缩量。在容器壁和填料床支撑筛网边缘之间的环形区域必须进行密封，以防止干燥剂的损失，该区域使用压实的石棉绳填料。围绕在筛网边缘的支撑环是有益的，如果筛网分段安装，应该用不锈钢丝将其连接牢固。

筛网上的支撑球是有用的。$2/_3$in厚的直径$1/_2$in球轻放在筛网上部，由2in或3in厚的直径$1/_4$in球组成的平滑层轻放在直径$1/_2$in球的顶部。这些层用来防止干燥剂粉尘或整个颗粒堵塞筛网眼，并造成整个干燥剂填料床的高压降。

当计算系统的再生需求时，包含支撑球的热要求是非常重要的。如果容器底部封头填充满堆积的支撑球，当上升气流被用于加热或冷却时，在球和干燥剂填料床较低位置可能需要一个气体分布器。这对于大直径容器防止干燥剂的沟流和较差的再生，是非常重要的。

许多吸附器在底部的填料床支撑下有空白区域，用来收集污染物、灰尘和粉末。可以提供一个供排放的管嘴来排出这些物料。

一个含水取样探头宜放置在冷冻装置的吸附器内，距填料床出口端几英尺的位置并延伸至中心。该探头和气体出口的含水分析探头结合使用，为研究和解决脱水器问题提供有价值的数据，特别是确定容器壁的气体是否发生"沟流"。它允许为优化干燥周期进行能力测试。可以在合理安全的条件下进行测试，因为任何可能的含水都会在突破指标之前被检测到。探头可能是一个在靠近探头末端一侧钻出$1/_{32}$in孔的长温井。

2.7.6 升压

为了干燥剂的最佳性能和维护质量，吸附塔应该：

① 升压速度永远不会超过50psi/min;

② 泄压速度永远不会超过10psi/min;

③ 向下流动的压力降不得超过1psi/ft;

④ 为防止错误流态,上升气流压降不应小于0.25psi/ft。

即使有最好的设计,一些干燥剂粉尘在设计气体流量的情况下仍然被吹出。在许多油田的脱水系统中,一定数量粉尘还是可以被容忍的。但是,这在涡轮膨胀机工厂涉及大量下游换热和处理的设计中是无法接受的,特别是使用板翅或芯式换热器时,该问题特别重要。在许多情况下,这个问题可以通过超细纤维过滤器(清洗至1μm、压差为15psi)来解决。

2.7.7 再生气换热器、加热器和冷却器

一种气体或气体换热器通常按照以下假设来设计:所有250℉下的填料床会在1h内释放出所有水分;再生气可以冷却至销售气体温度的10℉的范围内。

一个再生气电加热器的核算应该提供:加热以解析水分;干燥剂加热到500~550℉之间;加热吸收塔外壳。

解吸的热量,对于硅胶是每磅水1100Btu,对于分子筛大约要高50%。

加热干燥剂所需热量可以通过以下公式来计算:

$$Q=Wc_p\Delta t \tag{2-3}$$

式中:Q为所需热量,Btu;W为干燥剂的重量,lb;c_p为干燥剂比热容,Btu/(lb·℉);Δt为填料床所需温度与正常操作温度的温差,℉。

吸收塔外壳的显热可通过式(2-3)和以下条件计算得到:估算的钢重;干燥剂比热容使用0.12Btu/(lb·℉);在有内部保温的单元,转移到外壳的热量可以忽略。为了考虑热量损失和增加一些安全余量,通常做法是增加10%~20%到所需热量。

2.7.8 再生气分离器

大多数干燥剂对烃类有吸引力,因此使用撇油器从污水中分离有价值的烃类。频繁的废弃水pH值测试,有助于找准吸附系统的腐蚀问题。再生气分离器中遇到的一个常见问题,是液体排放管线被干燥剂粉尘和重油而结垢。考虑到液体通过循环系统返回可以破坏干燥剂,或者在直通系统中污染销售和下

游设施,必须进行定期检查和清洗以防止这种伤害。

2.7.9 调节阀

为避免昂贵的操作费用,应使用合格阀门。一般来说,双向阀比三通阀门问题少。阀门遇到的最困难的环境是当阀门一侧是热再生气(600℉),另一侧是环境气(100℉)时。细心的管道设计可以减少这个大的温度梯度。为防止压差引起的突然上升气流,阀门的开关顺序很重要。这个问题会使填料床流态化并会损害干燥剂。干燥床脱水器配备有电动阀门,用于需要频繁使用避免泄漏的切换操作。

2.7.10 膨胀机装置分子筛的利用

涡轮膨胀机装置一般操作温度低至-150℉。操作要点是要远低于McKetta-Wehe图表中所示的平衡含水量数据。

为了使含水量低至1mg/L专门进行设计,如表2-2所示,只有分子筛和活性氧化铝具有这样的能力。对于这种类型的工厂,分子筛用于大约95%的脱水设备(4A分子筛的吸附容量是活性氧化铝的2倍)。图2-12比较了气体在较低的相对湿度下,几种干燥剂的吸附容量。在30%的相对湿度下,每100lb分子筛会吸收21.5lb水,而每100lb硅胶会吸收15lb的水。

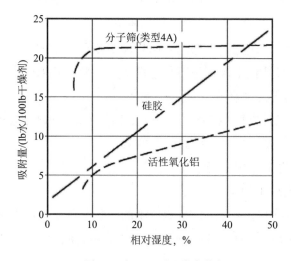

图2-12 在60℉下吸附水蒸气

2.8 干燥剂性能

2.8.1 一般原则

在不同操作条件下，干燥剂吸附能力以不同的速率下降。干燥剂老化是许多因素引起，包括：长期使用；暴露于任何出现在入口物流的在正常再生时未被完全脱除的有害污染物中。

影响干燥剂能力下降速率的最重要的一个变量是气相或要干燥的液相中化学组分。原料物流组分应该一直包括污染物。在一种新干燥剂开始使用的几个月里，其降解速率因为用于循环加热、冷却和净化而减慢。干燥剂能力通常稳定在大约初始能力的55%~70%。

2.8.2 含水分析仪

用于优化干燥周期；

允许缩短干燥时间作为干燥剂的寿命；

进口和出口都应该使用含水分析仪；

推荐探针从填料床的出口端向上延伸大约2ft，因为它允许脱水能力测试在无水含量突破的风险下运行。

2.8.3 进料污染物影响

压缩机油、缓蚀剂、甘醇、胺液和其他高沸点污染物导致干燥剂能力降解，因为一般的再生温度无法将这些重物质蒸发；

残余污染物慢慢建立于干燥剂表面将减少用于吸附的面积；

许多缓蚀剂对某种干燥剂进行化学"攻击"，将永远破坏其使用性能。

2.8.4 富含重烃的再生气影响

再生时使用该种富气，在550~600℉的条件下，将加剧结焦的问题；

富气使用分子筛干燥可能得到满意的效果；

贫干气总是更适合用于再生。

2.8.5 甲醇在进料气中的影响

当再生在550℉以上运行时，进料气中的甲醇是分子筛结焦的主要诱因；

再生过程中甲醇的聚合作用产生的二甲醚和其他中间产物会导致填料床的结焦；

转化为乙二醇加注来代替用于水合物控制的甲醇,将延长分子筛寿命并通过移除系统中的甲醇蒸气增加至少10%分子筛能力。

2.8.6 使用寿命

通常使用寿命为1～4年。如果原料气保持洁净的话,可能寿命更长。有效的再生对于延缓干燥剂吸附能力的降低以及延长其使用寿命,都扮演着重要作用。如果每次再生时所有的水无法从干燥剂中全部脱除,其效用将大幅减少。

2.8.7 再生不充分的影响

如果再生气温度或速度过低,则可能再生不充分,干燥剂制造商通常会推荐产品最佳的再生温度和速度。气速应该足够高,以迅速除去水和其他污染物,从而减少残留水量以保护干燥剂。

2.8.8 高再生温度的影响

较高的再生温度可以使得挥发性污染物在干燥剂表面结焦前脱除它们,使得干燥剂能力最大化,以确保出口最小含水率。最终的出口热气温度应该保持1～2h,以实现干燥剂有效的再生。

2.9 需要设计关注的领域

吸附式脱水设备的设计可以通过考虑以下几点进行提高:

① 影响填料床负荷的主要工艺变量;

② 进口气的适当净化,以及再生气系统的恰当设计;

③ 准确地估计填料床尺寸,以真实评估干燥剂厂商的竞价;

④ 改善吸附器内部设计,包括内部隔热、改进的开关阀和控制系统。

【示例2-2】固体床干燥剂的初步设计

说明:干燥床脱水器的详细设计应该交给专业人士,本文提供的通用的"经验法则"用于初步设计。

假设:进口流量为$50×10^6$ft³/d(标);气体相对分子质量为17.4;操作温度为1100℉;操作压力为600psi(绝);进口露点为1000℉[相当于90lb水/10^6ft³(标)];所需露点为1mg/L H₂O;气体密度为1.70lb/ft³。气体组成见表2-4。

表2-4 气体组成

组 分	含量, %(摩尔分数)
N_2	4.0
C_1	92.3
C_2	2.4
C_3	0.3
iC_{4+}	1.0

确定目标为设计一个干燥剂脱水器,则解决方案为:

① 吸附的水量

例如:假定一个8h运转周期包含6h再生和冷却。以此为基础,则每个周期吸附的水量为:$(8/24) \times 50 \times 10^6 ft^3$(标)$\times 90 lb/[10^6 ft^3$(标)$]=1500$(lb水/循环)。

② 装载

由于相对较高的操作温度,使用美孚硅胶作为干燥剂并在加载6%的基础上设计。硅胶珠子密度大约为49lb/ft³(参见表2-2)。

每个填料床所需的干燥剂重量=(1500lb水)/(0.06lb水/lb干燥剂)=25000lb干燥剂/填料床。

每个填料床所需的干燥剂容积=(25000干燥剂/填料床)/(49lb干燥剂/ft³)=510ft³/填料床。

③ 塔尺寸计算

推荐在600psi(绝)下最大空塔气速为55ft/min(见表2-1),容器最小内径如式(2-4)所示:

$$d^2 = 3600 \left(\frac{Q_g TZ}{VP} \right) \tag{2-4}$$

因此,可以计算出d=55.7in或4.65ft。

填料床高度如式(2-5)所示:

$$L = \frac{50ft^2}{\left[\frac{\pi(4.65)^2}{4ft^2} \right]} = 30ft \tag{2-5}$$

假设直径为$^1/_8$in,黏度$\mu=0.01cP$,一个洁净填料床的压降(式2-2)为:$\Delta P=$

$B\mu V=C\rho V^2 L=[0.056\times0.01\times55+0.00009\times1.70\times55^2]\times30=14.8(\text{psi})$。

该值高于最大推荐压降8psi，因此容器内部直径应该增加到下一个标准尺寸，选择5ft 6in的直径，代入上述公式以确定V、L和ΔP。$V=39.2\text{ft/min}$；$L=21.5\text{ft}$；$\Delta P=5.5\text{psi}$。允许6ft空间移除干燥剂和重新补充将达到约28ft。产生的28/5.5=5.0的长径比是可以接受的。

④ 再生热量需求

假设填料床(和塔)被加热到350℉。平均温度则为(350+110)℉/2=230℉。5ft 6in直径、28ft高、700psi(表)的塔近似重量是53000lb(包括外壳，封头、管嘴以及干燥剂支撑)。

加热和冷却的需求可以通过式(2-6)确定：

$$Q=wc_p\Delta T \qquad (2-6)$$

式中：Q为所需热量，Btu；c_p为平均温度下的材料比热容，Btu/(lb·℉)；ΔT为材料温差，℉。

⑤ 每次循环的热量要求

干燥剂：25000lb×(350℉-100℉)×0.25=1500000(Btu)。

干燥塔：53000lb×(350℉-100℉)×0.12=1520000(Btu)。

解析水：1500lb×1100Btu/lb=1650000Btu；1500lb×(230℉-110℉)×1.0=200000Btu。

总热量为4870000Btu，10%热损失为490000Btu，则每个周期所需总热量为5360000Btu/周期。

说明：0.12是钢的比热容；"1100Btu/lb"是水的解析热，该值由干燥剂制造商提供；大部分水会在平均温度下解析，该热量(200000Btu)需求表示了将水温提高到解析温度时的显热；0.25是美孚硅胶"R"的比热容(见表2-2)。

⑥ 每次循环的冷却要求

干燥剂：25000lb×(350℉-100℉)×0.25=1500000Btu。

干燥塔：53000lb×(350℉-100℉)×0.12=1520000Btu。

总的冷却量为3020000Btu。10%不均匀冷量为300000Btu。每个周期所需总冷量为3320000Btu/周期。

该示例假定了塔外部是隔热的，如果塔内部隔热的话则热量还会更少。内部隔热应该用于减小由于再生温度大规模变化导致的热应力。气流经过干燥剂填料床时出现"沟流"或者"短路"会是一个问题。

⑦ 再生气体加热器

假定再生气入口温度为400℉。填料床初始出口温度应为床体温度110℉；加热周期结束时，出口温度将为350℉。因此，平均出口温度=(350℉+110℉)/2=230℉。

加热所需气量为：

$$V_{加热} = \frac{5360000\text{Btu/循环}}{(400-230)(0.64)\text{Btu/lb}} = 49400\text{lb/循环} \tag{2-7}$$

再生气体加热器荷载Q_H=49400lb/周期×(400℉-11℉)×0.62Btu/(lb·℉)=8900000Btu/周期。

设计时为了热损失和偏流，增加25%的余量。假定一个3h的加热周期，再生气加热器的大小必须按照以下公式计算：Q_H=890000×(1.25/3)=3710(Btu/h)。

⑧ 再生气冷却器

计算再生气体冷负荷时假定所有的解析水在3h周期中的0.5h期间凝结。再生气体冷却器负荷Qc则为：

再生气：49400×(230-110)×0.61/3=1205000(Btu/h)。

水：1500(1157-78)/0.5=3237000(Btu/h)。说明：数据引自物流表。

总热量为4442000Btu/h，10%热损失为44000Btu/h，总计为4886000Btu/h。

⑨ 冷却周期

对于冷却周期是类似地，初始出口温度为350℉，冷却周期结束时温度约为110℉。平均出口温度为(350+110)/2=230℉。假定冷却气体温度为110℉，冷却所需气量为：

$$V_{冷却} = \frac{3320000\text{Btu/循环}}{(230-100)(0.59)\text{Btu}} = 46900\text{lb/循环} \tag{2-8}$$

3 吸收法

3.1 工艺概述

在吸收工艺中,使用一种吸湿液体来接触湿气并除去水蒸气。最常用于吸收型脱水单元的液体是三甘醇。甘醇类液体重要物性见第一部分。

3.2 吸收原理

3.2.1 吸收和气提

经过吸收,气流中的水分溶解于相对纯的液体溶剂中。相反的工艺,溶剂中的水被转移到气相中,被称作气提。因为溶剂在吸收的步骤中已经回收再利用,因此名词再生、再浓缩、回收也用于描述气提(或提纯)。吸收和气提经常用于气体处理、气体脱硫和甘醇脱水。

3.2.2 拉乌尔和道尔顿定律

吸收可以使用拉乌尔(Raoult)和道尔顿(Dalton)定律定性地建模。

对于气-液平衡系统,拉乌尔定律指出:气-液平衡态中某一组分的分压与液相中该组分的摩尔分数直接成比例。道尔顿定律指出,某一组分的气相分压等于总压力乘以它在该气体混合物中的摩尔分数。

拉乌尔定律的表达式是:

$$p_i = P_i X_i \tag{2-9}$$

道尔顿定律的表达式为:

$$p_i = P Y_i \tag{2-10}$$

式中:p_i为组分i的气相分压;P_i为纯组分i的蒸气压;X_i为液体中组分i的摩尔分数;P为气体混合物的总压力;Y_i为气相中组分i的摩尔分数。

结合这些定律,我们可以得出:

$$P Y_i = p_i X_i$$

或

$$p_i / P = Y_i / X_i \tag{2-11}$$

由于纯组分的蒸气压和总压强不受组分影响,因此式(2-11)是很有意义的。对于任何组分的气相摩尔比和液相摩尔比的比值,与该组分的浓度以及其他组分的存在都没有关系。

Y_i/X_i 通常被叫做K值。由于纯组分蒸气压随温度增加而增加, K值随温度上升而增加, 随压力升高而下降。在物理方面, 这意味着: 从气相到液相转移(吸收)在较低温度和较高的压力下是更有利的, 转移到气相(气提)在较高温度和较低的压力下是更有利的。

3.2.3 甘醇–水平衡

吸收过程是动态的和连续的。气体流动不能停止来让蒸气和液体达到平衡, 因此当流动继续时, 系统必须设计成尽可能接近平衡态。这是通过一个塔板或填料的接触塔来实现, 在内部气体和液体逆流流动。

塔板或填料段越接近100%的平衡态, 塔板或填料效率接则越高。例如: 一般的塔板效率为25%, 这意味着原本要转移的水分子中有25%在平衡条件下转移了。湿气进入塔底并在富甘醇(高含水量)离开塔之前与其接触。气体在塔内向上流动的过程会遇到纯度更高的甘醇, 在离开塔之前则与纯度最高的甘醇接触(最低含水量)。

根据道尔顿和拉乌尔定律的平衡可以重新整理如下:

$$Y_i = X_i\left(\frac{P_i}{P}\right) \tag{2-12}$$

由于P_i/P在恒定温度时是恒定的, 气体中水的浓度必然直接与液体的浓度成正比。然而, 液体浓度随着水的吸收而不断变化, 吸收塔内的逆向流动使得水分大量从气体中转移到甘醇, 与最贫甘醇达到平衡态变为可能。

4 甘醇脱水

4.1 操作原则

通过分离操作脱除气体中的液态(游离)水后, 基于气体温度压力的不同, 每百万立方英尺气体中仍然留有25~120lb的水。进气温度越高, 压力越低, 则气体中含有的水蒸气越多(见图2-13)。

在达到气体要求的露点之前, 每百万立方英尺气体中通常应脱除20~115lb的水。图2-14和图2-15中的简图表示了典型甘醇脱水系统的流程。甘醇脱水工艺可以分为两部分来讨论: 气体系统(见图2-14)和甘醇系统(见图2-15)。

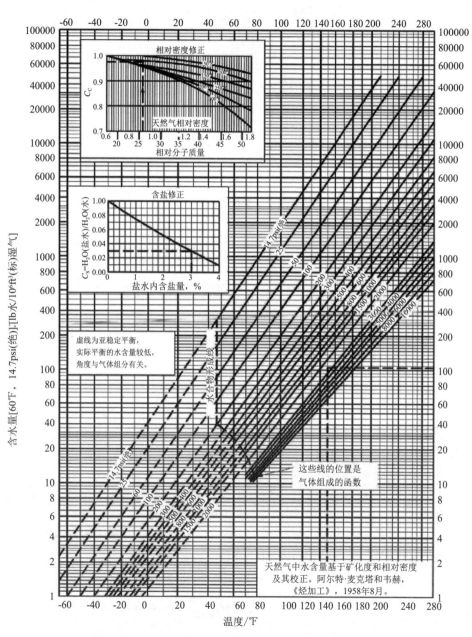

图2-13 脱硫贫天然气的水含量McKetta-Wehe曲线

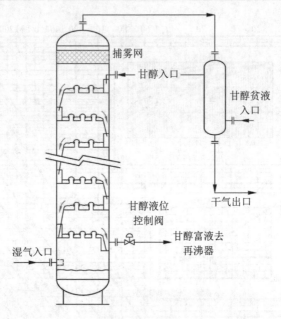

图2-14 气体系统

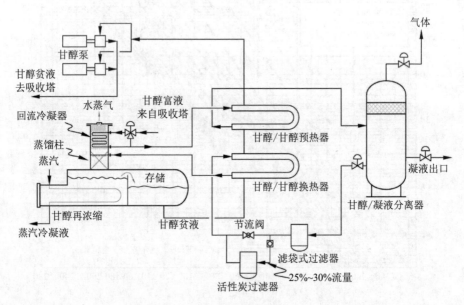

图2-15 甘醇系统

4.2 气体系统

4.2.1 入口涤气器/微纤维过滤分离器

湿气经过入口气体涤气器和微纤维过滤分离器(通常为立式)进入装置,以脱除固液杂质。

4.2.2 甘醇-气体吸收塔

对于甘醇-气体吸收塔,吸收塔内由填料或若干带堰板的塔板组成,将甘醇维持在一定液位,使气体上升过程中必须以气泡型式穿过甘醇(见图2-16)。

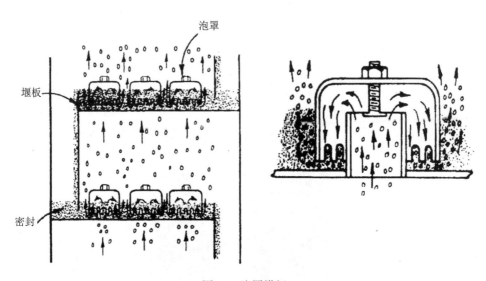

图2-16 泡罩塔板

随着向上经过连续的塔板,湿气中水蒸气被甘醇吸收从而逐渐变干。离开吸收塔前,气体会经过捕雾网来脱除可能会离开气体的甘醇。干气从吸收塔顶部离开,经过外置的甘醇-天然气换热器,使得甘醇贫液进料冷却,吸收能力得以提高(见图2-17)。

某些装置有甘醇分离罐(离心式分离器),用以回收经捕雾网随气体逸出的甘醇(见图2-18),然后干气离开脱水装置。

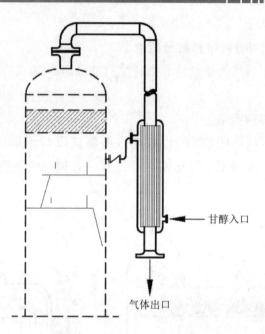

甘醇入口

气体出口

图 2-17 外置甘醇–气体换热器

图 2-18 用于回收随气体逸出的甘醇的离心分离器

GAS DEHYDRATION

4.3 甘醇系统

4.3.1 甘醇-气体换热器

浓缩的甘醇贫液通过甘醇泵增压到吸收塔压力,然后经甘醇-气体换热器进入吸收塔。甘醇-气体换热器使甘醇在进入吸收塔前冷却至气体温度附近。甘醇与气体温度相近非常重要:防止气体超过平衡温度;防止起泡。

4.3.2 甘醇-气体吸收塔

换热器的甘醇贫液进入吸收塔并流经塔板。这是甘醇与气体的首次直接接触。甘醇通过塔内的降液管向下流动,由于流经每块塔板,从而能吸收更多的水。降液管封住甘醇进入下层塔板的通道,从而防止气体经过泡罩形成短路。随着向下流经连续的塔板,甘醇吸收了气体中的水而变得更湿润,并在吸收塔底达到饱和富集。气体向上流经连续塔板,从而变得更干燥。

在吸收塔底聚集的湿气经过过滤器,脱除有研磨性的颗粒,然后流经甘醇泵(能量交换泵)的动力侧,并为甘醇贫液通过泵打到吸收塔提供能量。能量来自于甘醇富液中包含的吸收气所增加的压头。

4.3.3 回流冷凝器

冷却的甘醇富液从甘醇-气体吸收塔出来后,经过再沸蒸馏柱顶部的蛇管(回流冷凝器)。蛇管将离开蒸馏柱的蒸气冷却,并使甘醇气体凝结成液。甘醇液滴受重力作用,沉降回蒸馏柱至再浓缩器。水则以气体形式持续留在蒸馏柱顶部。冷却蛇管通常被称作回流冷凝器。

4.3.4 甘醇-甘醇预热器

离开回流冷凝器后,轻微加热的甘醇富液流经甘醇-甘醇预热器。

4.3.5 气体-甘醇-凝液分离器

离开甘醇-甘醇预热器后,加热的甘醇富液进入低压的气体-甘醇-凝液分离器。在这里,甘醇在经过吸收塔时挟带的大部分气体和液态烃会被脱除。甘醇-甘醇预热器提供的热量能帮助烃类从甘醇富液中分离。通过三相的气体-甘醇-凝液分离器,轻烃凝液得以从甘醇中分离(见图2-19)。

4.3.6 微纤维过滤器

气体和凝液在气体-甘醇-凝液分离器中分离后,甘醇富液流经微纤维过滤器(见图2-20)。这些过滤器用于脱除固体、焦油状烃类或其他杂质。

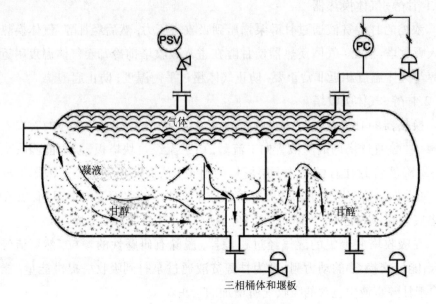

图2-19 气体-甘醇-凝液分离器

图2-20 微纤维过滤器

4.3.7 活性炭过滤器

来自微纤维过滤器的甘醇富液进入活性炭过滤器。过滤器中的活性炭颗粒吸收液体夹带的烃类、油井作业药剂、压缩机油和其他可能导致起泡的杂质。

4.3.8 甘醇-甘醇换热器

从活性炭过滤器出来后，甘醇富液流经干甘醇/甘醇富液换热器。这台换热器使得甘醇富液在进入甘醇再浓缩器之前尽可能地得到预热,从而减少甘醇再浓缩器的热负荷。

4.3.9 蒸馏柱

来自甘醇/甘醇换热器的甘醇富液进入竖立在甘醇再浓缩器之上的蒸馏柱(见图2-21)。

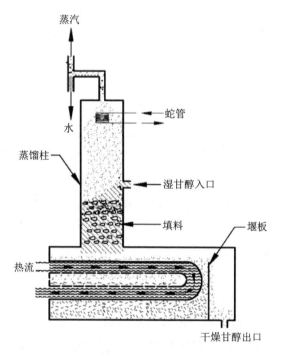

图2-21 甘醇再浓缩器顶部的蒸馏柱

蒸馏柱内部使用陶瓷鞍形填料或不锈钢鲍尔环,用来增加表面积以及向甘醇进料传热。甘醇富液进料均匀地扩散并通过填料层向下滴漏。气体从甘醇再浓缩器向上移动并加热填料。随着甘醇向下移动穿过受热的填料,水分开始以蒸汽形式逸出。装置用高效换热器可以在甘醇到达再浓缩器之前,脱除其中所含水分的75%~80%。水汽向上穿过蒸馏柱并从顶部逸出,同时挟带有捕获的甘醇气体。为了防止甘醇蒸气的损失,蒸馏柱在填料塔的顶部装有"冷凝回流器"。随蒸气一同逸出蒸馏柱的甘醇气体被吸引至覆盖在蛇管表面的冷凝液

(主要是水)膜上，在这里它们一同被冷凝。液滴通过重力沉降沿蒸馏柱回到再浓缩器作进一步处理，从而防止由于汽化导致的甘醇过量损耗。

在某些装置中，甘醇从塔的填料层下部进入蒸馏柱。蒸发汽化在再浓缩器中发生。回流冷凝器在两种类型蒸馏柱中有着相同的操作方式。填料层不再用于为蒸发传热。冷凝回流器的凝液回落至填料层，在填料上部表面形成液膜。随蒸气一同从再浓缩器逸出的甘醇气体必须经过填料层。覆盖填料的水膜重新捕获甘醇气体，将其冷凝成液并回到再浓缩器中。因此，这种配置可以比先前所述的蒸馏柱回收更多的甘醇蒸气。

由于蒸发主要发生在再浓缩器中，这种类型蒸馏柱的操作温度会更低。这可以理解为：更多的冷凝回流量；需要更大的热负荷。

4.3.10 再浓缩器

经过填料蒸馏柱，甘醇富液下降进入再浓缩器。甘醇被加热至合适的温度，在该温度下绝大部分剩余的水和部分甘醇会被蒸发。甘醇经热源加热至350~400℉，剩余的水被脱除，这低于三甘醇的分解温度。

再浓缩器中甘醇的温度处于临界点，必须进行控制。热源包括：直燃式(自然通风或强制通风)；余热(来自压缩机或发电机的废气)；电加热器。

受热气体(包括甘醇和水)向上经过蒸馏柱。随着混合物经过回流冷凝器较冷的蛇管，甘醇蒸气得以冷凝并回落下来。水汽以蒸气的形式从蒸馏柱顶部逸出。部分蒸汽冷凝，需设置降液管将水排出。

堰板用于维持甘醇液位在热源之上，这会防止管线过热，并防止管线过早失效。甘醇得到净化，越过堰板进入分离腔内。甘醇贫液从再浓缩器流向存储缓冲罐，甘醇泵将其提升至吸收塔压力时，另一循环开始。

4.3.11 气提气

如果需要非常纯净的甘醇(纯度99.9%的三甘醇)，通过平常的再生系统则无法实现，这样就需要使用气提气。通常从燃料气中引出少量的干天然气，注入到再浓缩器内。这股气体可直接注入再浓缩器中，也可以注入储罐中，在这里透过两台容器之间的填料塔(史达尔塔)。

史达尔塔同样起到堰板的作用，甘醇贫液通过重力沉降向下通过填料，而气体向上移动, 从而移除更多的水。这种方法可以防止空气进入储罐与甘醇贫液接触, 从而能够阻止甘醇的氧化。氧气进入甘醇系统会在一定程度上分解甘醇, 或引起系统内的腐蚀。

气提气作用是: 降低再浓缩器操作所需的温度; 减少气体充分脱水所需的甘醇循环量。

4.4 操作变量的影响

4.4.1 总体考虑

各种操作和设计变量对于甘醇脱水系统成功运行起着至关重要的作用。

4.4.2 甘醇选择

在吸收工艺中, 甘醇是最常用的液体干燥剂, 因为它们:

① 高吸湿性(容易吸收和保留水);

② 在过程中必要的温度压力下, 有较好的热稳定性和防降解性;

③ 较低的蒸气压, 能减少甘醇在残留的天然气物流和再生系统中的平衡损失;

④ 容易再生(脱水)再利用;

⑤ 在正常条件下, 无腐蚀性, 不发泡; 气流中的杂质可以改变这一点, 但抑制剂可以帮助减少这些问题;

⑥ 成本适中。

浓度(甘醇与水的比例)影响甘醇的吸湿性, 换句话说, 随着浓度的增加而增加。随着甘醇浓度的增加, 气体物流获得的露点降也随之增加。

4.4.3 乙二醇(EG)

使用吸收塔时, 乙二醇有较高的蒸气损失。它被用作水化抑制剂, 可以在温度低于50°F时从气体中分离出来。

4.4.4 二甘醇(DEG)

二甘醇在315~325°F之间再浓缩, 纯度97.0%。它会在328°F下降解。无法达到大多数应用所需的浓度。

4.4.5 三甘醇(TEG)

甘醇脱水中最常用的是三甘醇。它在350~400°F之间再浓缩, 纯度

98.8%,会在404℉下降解,当温度超过120℉时,蒸气损失会加大。有气提气的情况下,露点降可能会到150℉。

4.4.6 四甘醇(TTEG)

四甘醇价格昂贵。它在400~430℉之间再浓缩。在气体吸收塔温度较高时,它的蒸气损失更低。它会在460℉下降解。

4.4.7 进气温度

在恒定压力下,进气中的水含量随着温度升高而升高。例如,在1000psi(绝)以及80℉下,气体中含水量为34lb/[10^6ft^3(标)];120℉下,气体中含水量为104lb/[10^6ft^3(标)]。

如果气体在较高温度下处于饱和状态,甘醇需要脱除三倍的水来满足要求。115℉以上的温度会导致较高的甘醇损耗,因此需要四甘醇,温度应不低于水合物形成的温度范围(65~70℉),并且总在50℉以上。在温度低于50℉时,由于乙二醇黏度增加,会引起问题。温度低于60~70℉时,可能会导致甘醇与气体中的液烃形成乳化,并引起吸收塔内发泡。气体温度增加会增大气体容积,这反过来会增大甘醇吸收塔的直径。

4.4.8 甘醇贫液的温度

进入吸收塔顶盘的甘醇贫液的温度(接近温度)应在进气温度之上保持较低的数值(10~15℉)。

甘醇与气体中水蒸气之间的平衡状态受温度影响。甘醇进入吸收塔顶盘可能会提高它周围的气体温度,并防止气体放弃剩余的水蒸气。甘醇进液温度高于气体15℉以上时会导致较高的甘醇损失。急剧的温度变化会使甘醇乳化浑浊进而损失。

4.4.9 甘醇再浓缩温度

甘醇中水的浓度受再浓缩温度的控制。在恒定压力下,甘醇浓度随着再浓缩温度的升高而提高。再浓缩温度应限于350~400℉。三甘醇降解始于404℉,这会尽量减少三甘醇的降解,使甘醇贫液的浓度控制在98.5%~98.9%之间。

图2-22表示了再沸器不同温度下可以得到的甘醇浓度。

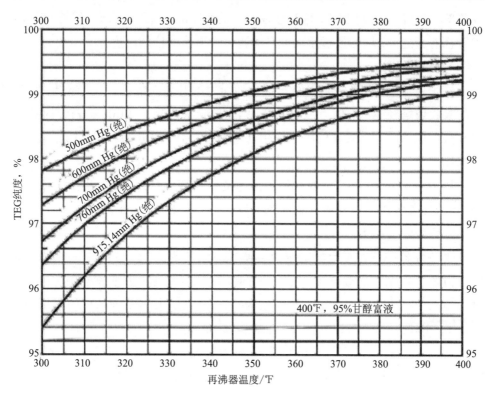

图2-22 不同真空度下甘醇纯度与再浓缩器温度的对应关系

　　如果想要得到更高的甘醇贫液浓度:增加进入再浓缩器的气提气量,或者在真空情况下操作再浓缩器和蒸馏柱。

4.4.10 蒸馏柱顶部温度

　　蒸馏柱顶部温度过高会由于额外的蒸发增大甘醇的损失。再沸器温度在350~400℉范围内,可以确保蒸馏柱内的陶瓷填料有充分的热传递。当蒸气出口温度在215~225℉之间时,蒸馏柱处于最佳操作状态(允许蒸气逸出)。当温度达到250℉及以上时,甘醇蒸发损失会随之增加。

　　通过增加流经回流冷凝蛇管的甘醇量,可以降低蒸馏柱顶部温度。如果蒸馏柱顶部温度降得太低(低于220℉),太多的水会被冷凝并洗回再浓缩器,从而加大了再浓缩器的热负荷。回流冷凝器蛇管中过多的冷甘醇循环量,会使蒸馏柱顶部温度降至220℉以下，从而导致额外的水冷凝。因此，大部分回路冷凝器蛇管都有旁通阀，均需通过手动或自动调节气提蒸馏柱的温度。

4.4.11 吸收塔压力

在恒定温度下，进气中水的含量会随压力的升高而降低。压力越低，所需要的吸收塔塔径越大。压力恒定的情况下，只要压力低于3000psi(表)，均能获得较好的脱水效果。最佳的脱水压力通常在550~1200psi(表)。尺寸计算应基于气体最小预期操作压力。

压力快速变化，换言之吸收塔内流速的快速变化会：破坏降液管与塔板之间的液封；使气体通过降液管和泡罩上升；使甘醇被气体带出。

4.4.12 再浓缩器压力

再浓缩器中压力降至恒定压力会使甘醇浓度更高。大多数再浓缩器的操作压力处于4~12oz(1oz≈29.27mL，下同)。在标准大气压再浓缩器中，压力超过1psi时，将会导致以下状况：蒸馏柱内的甘醇损耗；甘醇贫液浓度的降低；脱水效率的降低。

压力超过1psi通常与甘醇中多余的水有关，这会使离开蒸馏柱的蒸气速度足够大，以致将甘醇带出。堵塞的蒸馏柱填料通常会使再浓缩器压力升高。

蒸馏柱应充分通风，同时填料应定期更换，这会防止再浓缩器背压积聚。低于大气压的压力会使甘醇贫液浓度升高，因为甘醇富液和水混合物的沸点降低了。

由于复杂性增加，再浓缩器很少在真空情况下操作；空气泄漏也会导致甘醇的降解。

4.4.13 吸收塔压力

如果需要浓度为99.5%的甘醇贫液，则需要考虑：在500mm Hg(绝)[10psi(绝)]的压力下操作，或者使用气提气。图2-22可以用于估计真空操作条件下甘醇贫液浓度的影响。

4.4.14 甘醇浓度

脱水后气体中的水含量主要取决于甘醇贫液的浓度。在给定循环量和塔板数的情况下,进入吸收塔中甘醇贫液的浓度越高,露点降越大。

甘醇浓度提高至99%以上会使出口露点出现戏剧性的结果(见图2-23)。例如,进气温度为100℉(顶盘温度110℉)时,出口露点温度:三甘醇浓度为99.0%时,可以达到10℉;三甘醇浓度为99.8%时,可以达到–30℉;三甘醇浓度为99.9%时,可以达到–40℉。

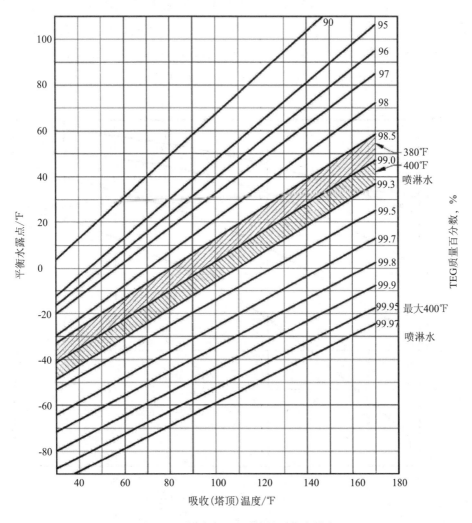

图2-23 不同浓度TEG对应的平衡水露点

更高的三甘醇浓度可以通过以下方法获得：

① 增加甘醇再浓缩的温度；

② 向再浓缩器内通入气提气；

③ 降低再浓缩器的操作压力。

三甘醇的再浓缩温度通常在380~400℉之间运行, 甘醇浓度可达98%~99%。图2-24和图2-25说明了气提气的影响。如果气体直接注入再浓缩器(通过喷射管)，随着气体流量从0ft³(标)/gal升至4ft³(标)/gal, 三甘醇的浓度会显著地从99.1%升至99.6%左右。使用史达尔(Stahl)法(再浓缩后气体的逆向接触)，在400℉再浓缩温度下可以获得纯度高达99.95%的三甘醇。

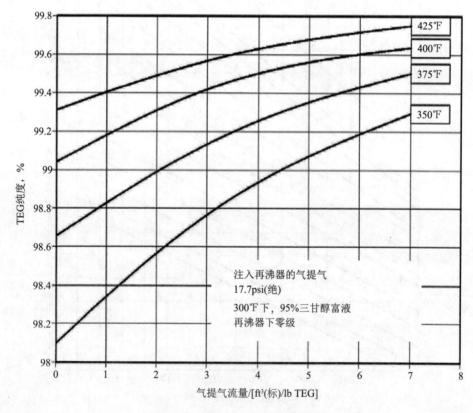

图2-24 气提气对三甘醇浓度的影响

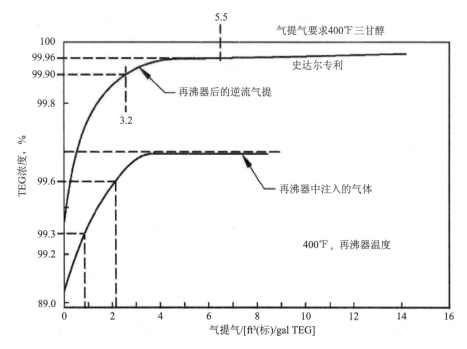

图2-25 在使用史达尔塔时气提气对浓度的影响

4.4.15 甘醇循环量

吸收塔的塔板数和甘醇贫液的浓度保持恒定时, 饱和气体的露点降。与气体接触的甘醇贫液越多, 从气体中吸收分离出的水蒸气越多。而甘醇浓度主要影响干气的露点, 甘醇量控制着可以脱除的水的总量。标准脱水器的正常操作水平是每脱除1lb水, 消耗3gal的甘醇(范围为2~7gal)。

图2-26显示出, 增大甘醇浓度值更易获得更大的露点降。过多的循环量会: 使再浓缩器过载; 阻止吸收塔中甘醇与气体之间的充分接触; 很好的防止乙二醇再生; 增加泵的维护问题; 增加甘醇损耗。

再沸器所需的热量与循环量成正比。

循环量增加可能会导致以下情况: 降低再浓缩器温度; 降低甘醇贫液的浓度; 减少甘醇从气体中脱除的水量。只有在再浓缩器温度保持恒定时, 循环量的增加会降低气体的露点。

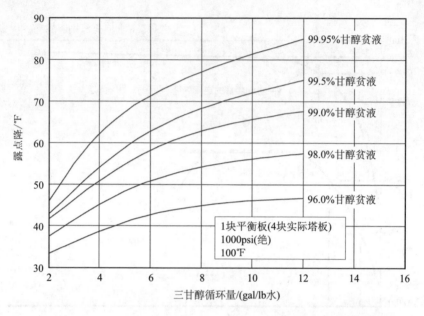

图2-26 计算的露点降与循环量的对应关系[一块平衡板(4块实际塔板)]

4.4.16 塔板数

甘醇循环量和贫甘醇浓度保持恒定时,饱和气体的露点降会随塔板数的增加而增加。实际板无法达到平衡状态,而趋近平衡则被表述为理论板的一部分。

设计中常用的塔板效率为25%。4块效率为25%的实际板将完成一块理论板的工作。设计中的实际塔板数范围为4~12块。从图2-27中可以获知,每英尺填料下浮阀塔板实际数目的近似值。

对于高性能的装置,新设计中超过4块塔板的规格可以实现节省燃料的目的(对于相同露点降来说)。这是由于以下原因:较低的循环量;较低的再浓缩温度;较低的气提气量。

图2-28表明,在吸收塔中指定若干新的塔板,比增大甘醇循环量更有效。吸收塔塔高增大引起的额外投资通常会通过节省燃料来平衡,这被证明是值得的。

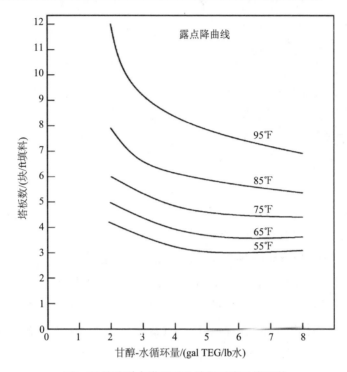

图2-27 甘醇脱水塔所需的填料对应的塔板数

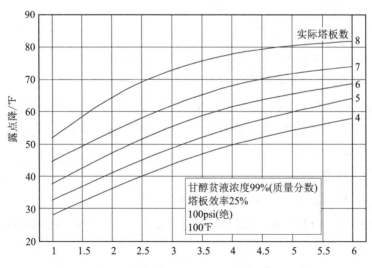

图2-28 吸收塔塔板数对露点降的影响

5 系统设计

5.1 尺寸确定的考虑

包括定义如下参数：

① 甘醇/气体吸收塔塔径；

② 吸收塔的塔板数(确立了塔的总高度)；

③ 甘醇循环量；

④ 甘醇贫液浓度；

⑤ 再浓缩器热负荷。

吸收塔塔板数、甘醇循环量和甘醇贫液浓度都是相互联系的。

5.2 入口微纤维过滤器分离器

洁净的进气是减少吸收塔操作问题的关键因素。

通过去除挟带的液态水，入口涤气器(微纤维过滤器分离器)可以阻止如下问题：甘醇的稀释；吸收塔效率降低；甘醇循环量增大；蒸馏柱气液负荷的增大；蒸馏柱淹塔；再沸器热负荷及燃料气需求的增大。这些问题同时会引起更大的甘醇损耗，使得商品气含水量高。

涤气器同样能阻止盐或其他固体进入甘醇系统，如果它们在再浓缩器内沉积的话，将会堵塞加热炉，以过热点的形式烧坏。

它应按照气液分离器尺寸确定的原则来确定尺寸。容器可以清洁进气，并且在石蜡和其他杂质以蒸气形式存在时能有所帮助；除雾器应按照能脱除99%的1μm以上污染物来确定尺寸。

在进气物流被压缩或者吸收塔中用了规整填料的情况下，推荐使用微纤维过滤分离器。压缩机的油和重组分可能会涂在吸收塔或蒸馏柱的塔填料上，从而降低设备的效率。

5.3 甘醇/气体吸收塔

甘醇/气体吸收塔有两种基本类型：板式塔和填料塔。

三甘醇具有以下特性：黏滞性(导致塔板效率差)；具有发泡倾向(限制塔的性能)。

由于液相负荷较低，塔中通常只有一小部分作为降液管的专用区域来提供比较高的降液管停留时间。有些吸收塔有"内部涤气器"，大约占据了容器的下三分之一，它们通常安装在入口气体流量小于$50\times10^6ft^3/d$(标)的装置上。

"排气道"包含在涤气器/吸收塔的组合中(见图2-29)，包括一个覆盖入口洗涤器顶部的大排气管，允许气体向上经洗涤器部分去吸收塔部分，防止甘醇在涤气器部分损耗。

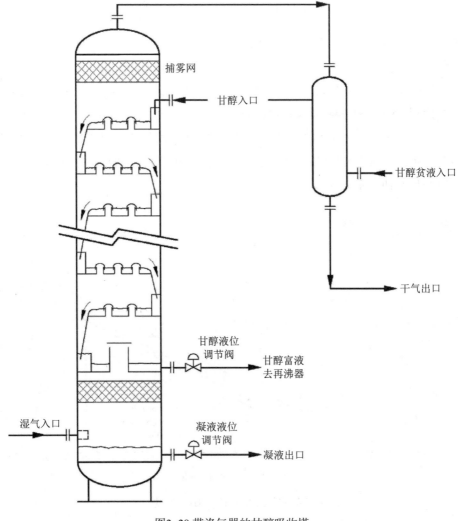

图2-29 带涤气器的甘醇吸收塔

有些吸收塔有内部的三相分离器可以通过较低的部分有两套液位控制和两台液体排放阀来区分。由于发生问题时难以解决，因此并不推荐。最有效的配置是在吸收塔上游直接设置一台单独的两相微纤维过滤分离器。

5.4 吸收塔塔径

板式塔和传统填料塔的最小直径可以通过以下公式来确定：

$$d^2 = 5040\left(\frac{T_oZQ_g}{P}\right)\left|\left(\frac{\rho_s}{\rho_l - \rho_g}\right)\left(\frac{C_D}{d_m}\right)\right|^{1/2} \qquad (2-13)$$

式中：d为吸收塔内径，in；d_m为液滴尺寸（$120 \sim 150 \mu m$的范围），μm；T_o为吸收塔操作温度，°R；Q_g为设计气体流量，$10^6 ft^3/d$(标)；P为吸收塔操作压力，psi(绝)；C_D为阻力系数；ρ_g为气体密度，$2.7 lb/ft^3$；ρ_L为甘醇密度($70 lb/ft^3$)；Z为压缩因子；S为气体相对密度(空气=1)。

对于相同塔径的吸收塔来说，规整填料可以处理更大的气体流量。图2-30~图2-33是容器制造商准备的对应关系，可以对甘醇/气体吸收塔的塔径提供图形解决方案。

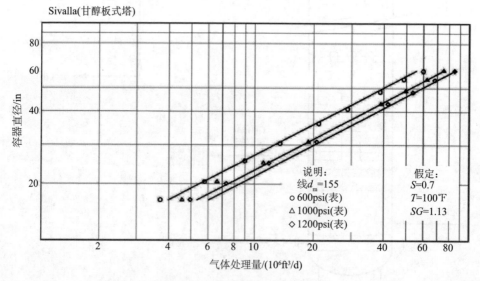

图2-30 吸收塔直径的确定(Sivills)

史密斯工业有限公司(甘醇板式塔)

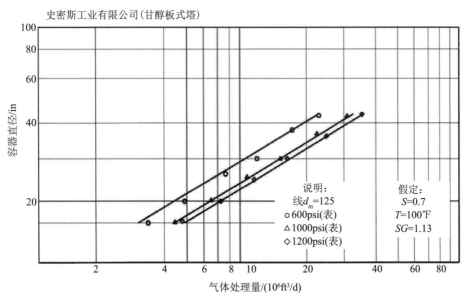

图2-31 吸收塔塔径的确定(史密斯工业)

C.E.Natco(甘醇板式塔)

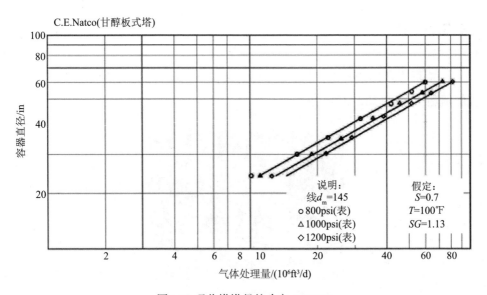

图2-32 吸收塔塔径的确定-NATCO

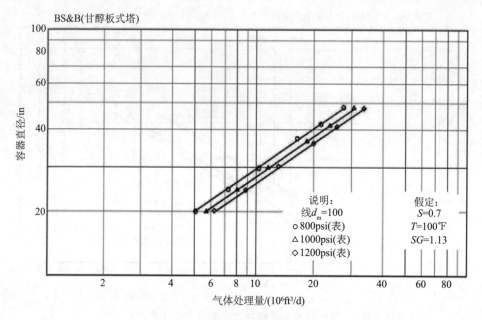

图2-33 吸收塔塔径的确定(BS&B)

5.5 塔板设计

5.5.1 泡罩塔板

泡罩塔板常见的样式见图2-34~图2-38。泡罩塔板是最常用的设计,比传统的填料要好(见图2-39)。

图2-34 常见的泡罩结构

图2-35 泡罩组件

图2-36 置于吸收塔外的泡罩塔板

图2-37 置于吸收塔内的泡罩塔板

图2-38 泡罩塔板的底部

拉西环   莱斯格环

花键环

鲍尔环

图2-39 各种类型的传统填料

5.5.2 浮阀或活瓣塔板

气体经过塔板底部的孔向上移动。孔上方是一种以上下方式抖动或摆动的装置,将气流打成气泡从而形成泡沫层(见图2-40~图2-42)。

5.5.3 穿孔(筛)塔板

塔板上有数以百计的小孔,气流通过这些孔,破裂成气泡进而形成泡沫。该塔板造价低廉,限制了能够有效脱水的气体处理量的范围(见图2-43)。

图2-40 活瓣塔板的顶部

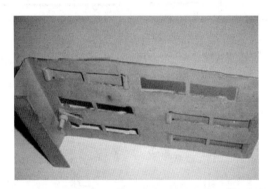

图2-41 活瓣塔板的底部

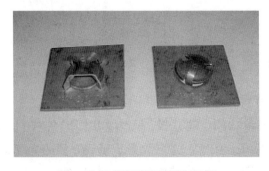

图2-42 阀式塔板的顶部和底部

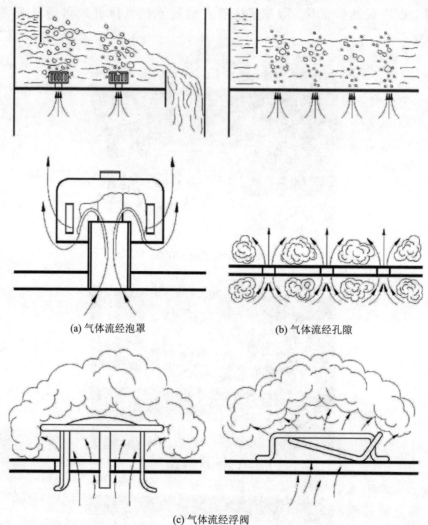

(a) 气体流经泡罩   (b) 气体流经孔隙

(c) 气体流经浮阀

图2-43 各类阀式塔板

5.5.4 规整(矩阵)填料

矩阵类似于波纹状的金属并排，呈波纹状固定在对角。气体向上运动，通过波纹板上钻的小孔，由对立的波纹形成通道。甘醇向下运动，通过孔和通道，与气体接触。这是最高效的填料(见图2-44和图2-45)。

图2-44 规整填料(侧面图)

图2-45 规整填料(俯视图)

5.6 塔板间距

范围在20~30in之间,推荐24in。预计起泡的情况下,推荐30in的间距。

5.6.1 塔板数

为实现通常的露点降,使用6~8块塔板。较高的露点降则通常需要12块塔板。

5.6.2 降液管

按照最大流速0.25ft/s来确定尺寸。

5.7 甘醇循环量

给定露点降的情况下，循环量取决于甘醇贫液的浓度和塔板数。

甘醇贫液浓度和塔板数保持不变的情况下，所需要的甘醇循环量可以根据以下公式确定：

$$L = \frac{\left(\dfrac{\Delta W}{W_i}\right) W_i Q_g}{24}$$ (2-14)

式中：L为甘醇循环量，gal/h；$\dfrac{\Delta W}{W_i}$为循环率，gal三甘醇/lb水(见图2-46、图2-47和图2-48)；W_i为进气的含水量，lb水/[10^6ft^3(标)]；W_o为预期出口含水量，lb水/[10^6ft^3(标)]；$W=W_i-W_o$；Q_g为气体流量，10^6ft^3(标)。

图2-46~2-48显示了脱除水的分数与三甘醇的流量在不同甘醇纯度下的对应关系。

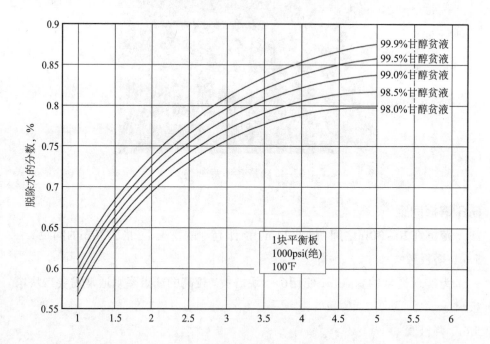

图2-46 脱除水的分数与三甘醇循环量的对应关系(*n*=1块理论板，4块实际板)

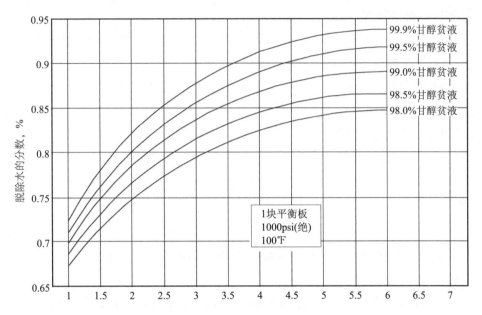

图2-47 脱除水的分数与三甘醇循环量的对应关系(n=1.5块理论板，6块实际板)

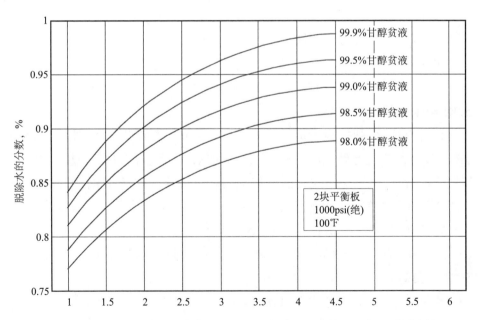

图2-48 脱除水的分数与三甘醇循环量的对应关系(n=2块理论板，8块实际板)

5.8 甘醇贫液浓度

图2-23显示了不同浓度三甘醇对应的平衡水露点。甘醇纯度(甘醇贫液浓度)是再浓缩器温度的函数(见图2-22)。

甘醇纯度可以通过以下方式提高：增加气提气；降低再浓缩器中的压力；减少甘醇的循环量。

5.9 甘醇-甘醇预热器

100℉的含水冷甘醇从吸收塔进入预热器(换热器)，而温甘醇以150~200℉离开去往气体/甘醇/凝液分离器。250℉的干燥热甘醇从甘醇/甘醇换热器进入预热器，而温甘醇以150℉去往吸收塔之前的甘醇泵。

甘醇泵的温度限制：甘醇气动泵(凯姆镭, KIMRAY)温度上限200℉；电动柱塞泵温度上限250℉、总传热系数[$U=10\sim12\text{Btu}/(\text{h}\cdot\text{ft}^2\cdot\text{℉})$]。

5.10 甘醇-气体冷却器

390℉干燥的热甘醇从再浓缩器进入换热器，然后以250℉去往甘醇/甘醇预热器。200℉的含水温甘醇从活性炭过滤器进入换热器，热的甘醇富液以350℉去往蒸馏柱。

5.11 气体-甘醇-凝液分离器

分离器宜按照气液分离的方法来确定尺寸。推荐液体停留时间20~30min，这取决于凝液的API重度。推荐的操作压力范围为35~50psi(表)。

5.12 再浓缩器

设计再浓缩器时，应满足三甘醇在350~400℉之间操作，二甘醇在305℉操作。设计温度应足够低于分解点，这样的话，在管上存在过热点以及再浓缩器混合不匀时，就不会造成甘醇分解了。其他一切运行正常时，再浓缩器温度升高会降低处理气体的水含量，反之亦然。

特定再浓缩器的操作温度是由试验及误差决定的。温度通常会高达400℉，400℉得到99.5%的三甘醇纯度，375℉得到98.3%的三甘醇纯度。

5.13 热负荷

热负荷可以从以下公式中估算出来：

$$q_t = L \cdot Q_L \tag{2-15}$$

式中：q_t为再浓缩器的总热负荷，Btu/h；L为甘醇循环量，gal/h；Q_L为再浓缩器热负荷，Btu/(gal TEG)。

考虑到启动、堵塞和循环量增大，依据公式(2-11)估算的热负荷通常会增加10%~25%(见表2-5)。

表2-5 再浓缩器热负荷

设计/(gal TEG/lb水)	再浓缩器热负荷/[Btu/(gal TEG)]
2.0	1066
2.5	943
3.0	862
3.5	805
4.0	762
4.5	729
5.0	701
5.5	680
6.0	659

5.14 火管尺寸

直燃炉所需的燃烧室实际表面积可以通过以下公式来计算：

$$A=q_t/6000 \tag{2-16}$$

式中：A为燃烧室总表面积，ft^2；q_t为再浓缩器总热负荷，Btu/h。

通过确定"U"形火管的直径和总长度，可以估计再浓缩器的总体尺寸。热通量通常使用6000~8000Btu/(h·ft²)，但建议6000Btu/(h·ft²)，只是确保防止甘醇分解。

5.15 回流冷凝器

来自气体吸收塔的甘醇富液进入回流冷凝器时温度为115℉，换热至125℉离开。控制三甘醇损耗，回流量应为脱水量的50%。

冷凝蛇形管：允许常年均匀回流；提供最低三甘醇损耗；提供最经济的再浓缩器操作。

5.16 气提蒸馏柱

温度考虑：温度对于蒸馏柱运行很关键。再浓缩器提供热量。再浓缩器的温度在350~400℉范围内, 这确保了向蒸馏柱内陶瓷填料充分的热传递。甘醇富液在蒸馏柱填料塔上部进入(见图2-49): 在气相出口温度在225~250℉时, 操作最佳。甘醇落在陶瓷填料上的目的是高效利用有效热, 背压应保持在最低限度[最高1psi(表)]。

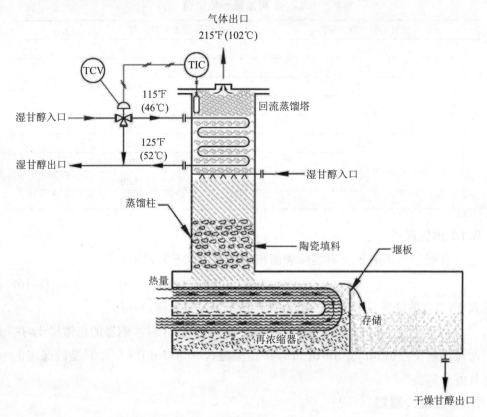

图2-49 甘醇富液在陶瓷鞍形填料上方进入的蒸馏柱

甘醇在填料层下方进料的蒸馏柱(见图2-50): 允许鲍尔环型填料完全参与到回流工艺。在气相出口温度在185~195℉时, 操作最佳。该温度下, 可以在大部分蒸气逸出的情况下通过回流蛇管获得更大的凝液量。

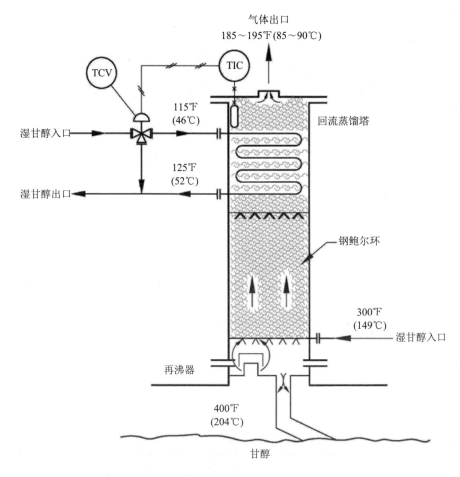

图2-50 甘醇富液在不锈钢鲍尔环之下进料的蒸馏柱

5.17 直径尺寸

直径的大小基于蒸馏柱底部所需的直径,通过这一点上的气液负荷条件来计算。气相负荷包括了向上流经蒸馏柱的水汽(蒸汽)和气提气。液相负荷包括了向下流经蒸馏柱的甘醇富液物流和回流。蒸馏柱所需的直径基于甘醇循环量(见图2-51)。

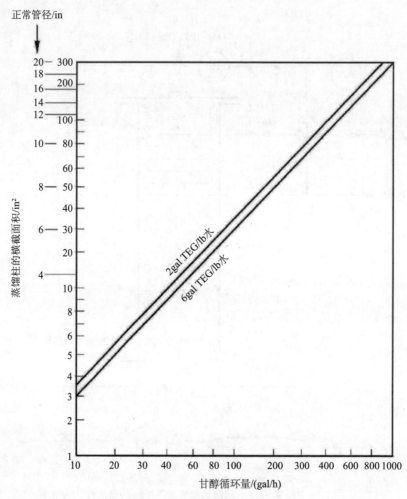

图2-51 气提蒸馏柱直径的确定

5.18 填料

对于大多数三甘醇气提蒸馏来说，1~3块理论板(4~12ft)完全可以满足要求。304不锈钢较为常用。

5.19 气提气的量

将甘醇再浓缩至比较高的纯度所需要的气提气量范围大约在2~10ft³/gal

TEG(见图2-52)。

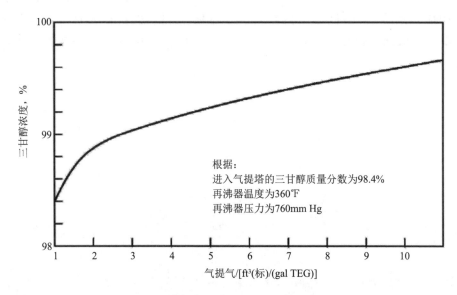

图2-52 将甘醇再浓缩至高纯度所需要的气提气量

5.20 过滤器

5.20.1 微纤维

按照脱除5μm粒径的固体来确定尺寸。

5.20.2 活性炭

用于脱除化学杂质；按照物流全流量为10gal/min来确定尺寸；按照大型装置10%~25%的侧流来确定尺寸。

5.21 甘醇泵

使用两种类型的泵：甘醇-气体驱动泵；电驱容积式活塞/柱塞泵。

5.21.1 甘醇-气体电动泵

甘醇-气体电动泵工艺流程见图2-53。通过离开吸收塔的甘醇富液所携带的气体来驱动。不需要吸收塔甘醇液位控制，排液阀或额外的动力(电力)。气体消耗相对较少，与甘醇/烃类撇油罐或闪蒸罐联合使用时，气体消耗会非常小。几乎没有运动部件，意味着磨损更少、维护简单。与甘醇流经泵体挟带的烃馏分接触，使泵内的环形密封鼓起，进而导致泵过早失效。通常使用在小型孤立系统，价格低廉，可拆卸，易于维修。凯姆镭甘醇-气体驱动泵的循环量和气体消耗量显示在表2-6和表2-7中。温度高于200℉时会损坏环形密封。

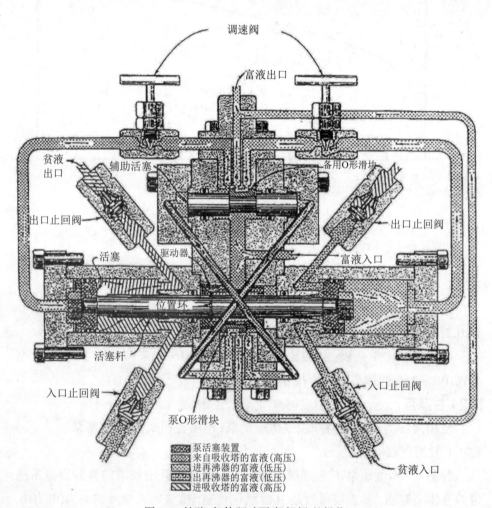

图2-53 甘醇-气体驱动泵(凯姆镭)的操作

表2-6 甘醇-气体循环量

泵充数①/(冲程/min)		8	10	12	14	16	18	20	22	24	26	28	30	32	34	36	38	40
甘醇-气体循环量/(gal/h)	1715V	8	10	12	14	16	18	20	22	24	26	28	30	32	34	36	38	40
	4015V		10	12	14	16	18	20	22	24	26	28	30	32	34	36	38	40
	9015V			27	31.5	36	40.5	45	49.5	54	58.5	63	67.5	72	76.5	81	85.5	90
	21015V		66	79	92	105	118	131	144	157	171	184	197	210				
	45015V		166	200	233	266	300	333	366	400	433							

① 泵每排除一次算作一冲程。

表2-7 气体消耗量

操作压力/psi(表)	300	400	500	600	700	800	900	1000	1100	1200	1300	1400	1500
气体消耗量/[ft³(表)/gal]	1.7	2.3	2.8	3.4	3.9	4.5	5.0	5.6	6.1	6.7	7.2	7.9	8.3

5.21.2 电驱容积式活塞/柱塞泵

通常用于大型装置,需要少量泄漏甘醇用于活塞杆封装的润滑。对于可能损坏甘醇-气体驱动泵的烃馏分,砂砾和碎屑有一定弹性。

5.22 蒸馏排放

出蒸馏柱的气体可能包含一些从甘醇,气提气和芳烃内闪蒸出来的烃类气体。甘醇优先吸收进气中石蜡组分之上的芳烃和环烃组分。芳香烃包括苯、乙烯、甲苯、二甲苯(通常称为苯系物),随水蒸气凝结,可能导致污水排放中出现可溶性油。处理包括出蒸馏柱的冷凝水蒸气和苯系物,然后再压缩不凝性气体(气态烃)(见图2-54)。

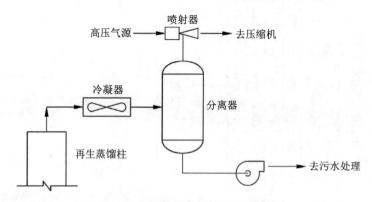

图2-54 蒸馏排放物处理工艺流程图

6 汞因素考虑

6.1 汞

能以单质汞形式存在或从仪表中进入气体中,对较高相对分子质量的重组分具有亲和性,大多数以液态形式存在,而不是以气态形式存在。在H_2环境下,与氧化铁反应,并形成硫化汞,沉积在碳钢管壁上;在冷凝水环境下,与铝结合,形成一种薄薄的汞合金。具有积累效应,因此即使微量的沉积物也是有害的。

$$Al+Hg \rightarrow AlHg$$

$$2AlHg+6H_2O \rightarrow 2Al(OH)_3+3H_2+2Hg$$

6.2 处理

利用至少10%硫溶液的硫浸渍活性碳进行处理。系统设计考虑因素为:

① 吸收床为15~20% Hg(质量分数)。

② 压力范围为300~1100psi。

③ 温度达到175℉。

④ 气体接触时间为20s。

⑤ 最大速度为35ft/min。

⑥ 再生为无商业化工艺。

能够循环利用铝床层的专有处理工艺由Rhone-Puolene提供。

7 特殊甘醇脱水系统

7.1 一般原则

当需要很大的露点降时,那么有必要利用高浓度甘醇的特殊脱水系统。如果空间有限,那么利用特殊系统,可获得要求的露点降,一般的三甘醇(纯度98.5%)脱水系统露点降能达到70℉。气体气提脱水法能获得较高的露点降。

真空法甘醇脱水装置能获得99.9%纯度的甘醇,但是很少采用,原因如下:高操作费用;需要获得必要的真空度。

共沸再生法和冷指法是获得低露点的其他方法。

7.2 共沸再生法

利用此法,可获得高达99.9%的甘醇浓度以及低露点(-40~-80℉)。利用相对分子质量为80~100的溶剂(通常是相对分子质量为150的辛烷)在再生塔中与水形成一种共沸物,从而降低了这种混合物的有效沸点。因此,对于一个给定的再生温度,共沸再生法可获得高纯度的甘醇。

BETX被认为是极好的溶剂。在经济性方面的考虑因素为:可能有利于脱气;通过已建装置改造来增加脱水能力;每一种情况必须逐项进行评估,因为共沸法是陶氏(Dow)公司专利工艺,并且需要许可费。

7.2.1 工艺流程描述

如图2-55所示,共沸再生法中在湿甘醇流入再生塔之前的工艺流程与传统三甘醇脱水系统完全一样。利用普通蒸馏法,湿甘醇能浓缩到98.5%。半贫液甘醇在400℉下,与烃类溶剂(异辛烷)蒸气逆向接触,烃类和水被带到塔顶冷凝,然后进行分离,水被脱除,而溶剂则再循环到系统中。

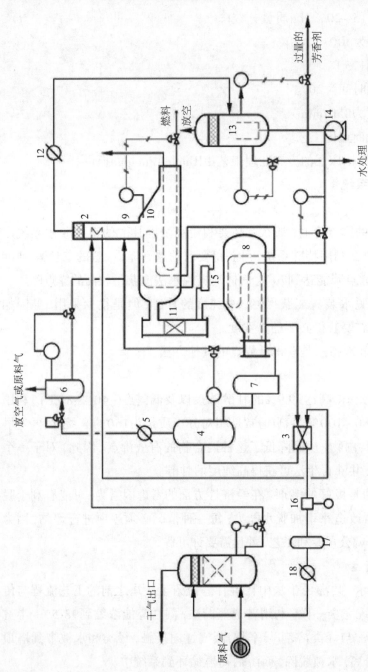

图2-55 共沸再生法气体脱水工艺

1—甘醇吸收塔；7—甘醇过滤器；13—溶剂—水分离器；2—回流冷凝器；8—缓冲罐；14—溶剂泵；3—甘醇—甘醇板式换热器；9—甘醇—甘醇超级换热器；15—溶剂超级换热器；4—闪蒸罐；10—甘醇再沸器；16—溶剂回收冷凝器；5—甘醇泵；11—贫液气提；17—滤声器；6—溶剂回收罐；12—溶剂—水冷凝器；18—甘醇冷却器

7.2.2 应用

优于传统气体气提法三甘醇脱水装置的应用。露点值在-40~-80℉之间更具有优势。不应认为是烃露点。

7.3 冷指冷凝工艺

三甘醇水溶液的气-液平衡图如图2-56所示。由图2-56可知,对于任意的液体浓度,其相应的平衡气浓度中水含量较高。

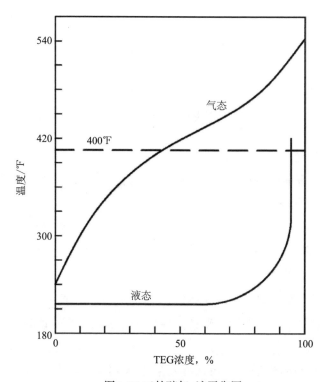

图2-56 三甘醇气-液平衡图

冷盘管冷凝工艺使密闭容器和冷凝管束结合,密闭容器一半装有气-液平衡液,冷凝管束布置在气相空间(见图2-57)。冷凝器使得水冷凝,并从容器流入到布置在冷凝管束下的水槽中排出。

当冷凝液排出时:系统平衡被打破;为了重新建立平衡,液相会析出更多的水分进入气相。因此,与原来的相比,液相就获得了较低水含量。

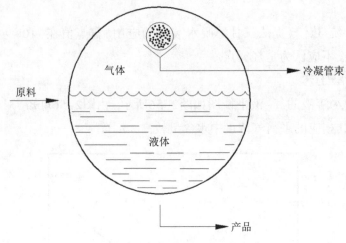

图2-57 冷指(cold finger)冷凝器

7.3.1 工艺流程描述

基于该原理的有很多种设计,其中一种设计见图2-58。气体和甘醇接触工艺与传统三甘醇系统相同。

湿甘醇离开接触塔,进入到冷指中冷凝管束中,这里湿甘醇充当冷却液的作用;在甘醇蒸馏中用作冷却液之后,进入三相分离器中进行烃类液相、气相以及甘醇/水混合相的分离。

三相分离器出来的甘醇/水相与冷指排出的冷凝液混合后,被冷指中液体产品加热;加热后,进入到蒸馏塔中。来自蒸馏塔的热半贫甘醇(接近沸点)流入到冷指中。

液体产品经过冷却、泵送、再次冷却后进入到吸收塔中。

7.3.2 应用

与传统三甘醇系统相比,该系统最大的优势是更省燃料。但是,该系统较复杂,不如传统系统经受住实践考验。

8 甘醇-气驱动泵系统

冷湿甘醇离开吸收塔底部,经过过滤器,然后驱动甘醇循环泵(见图2-59)。湿甘醇通过泵后会有一个压降,之后经过再浓缩蒸馏塔中的回流冷凝盘管。

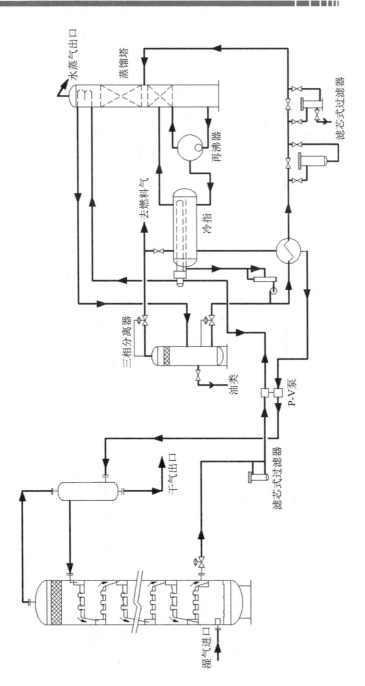

图2-58 冷指冷凝工艺

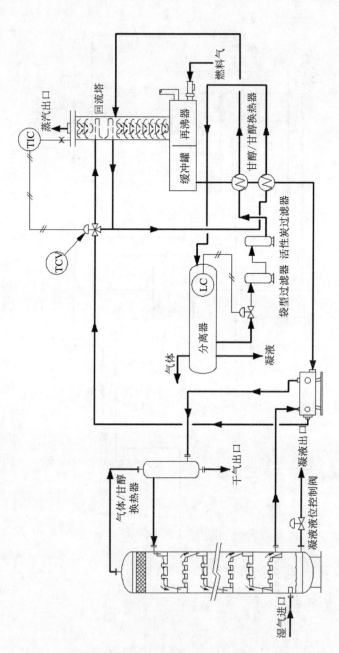

图2-59甘醇—气驱动泵系统

9 电驱动泵系统

电驱动泵系统工艺流程见图2-60。冷湿甘醇离开吸收塔底部,经过阻风门以及液位控制阀,这里会产生压降。然后,甘醇经过蒸馏塔回流盘管。从回流盘管出来后,甘醇流入一级干湿甘醇换热器,然后进入到气体/甘醇/冷凝液三相分离器,这里不溶的烃类被排出。从分离器出来后,甘醇经过过滤器去除残余的烃类,之后进入二级干湿甘醇换热器,最后流入到再浓缩蒸馏塔。在再沸蒸馏塔顶部,冷湿甘醇流经回流冷凝盘管,从而避免甘醇以气体形式排出。湿甘醇进入蒸馏塔盘管以下部分,并沿着填料向下涌出,进入再浓缩器。热量通过管束内热流体流动持续循环,使水沸腾,脱离甘醇。再沸器中溢流堰保证了甘醇的液位在加热管上面。再生甘醇从溢流堰上流过,并从再沸器底部出口排出。

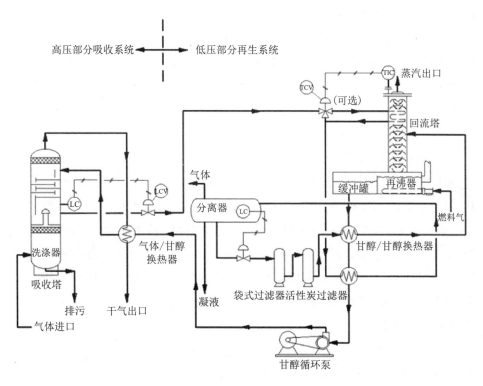

图2-60 电驱动泵系统

117

【示例2-3】甘醇脱水

已知：气体流量Q_g为$98 \times 10^6 ft^3/d$(标)[在压力为1000psi(表)、温度为100℉,相对密度为0.67饱和水下的体积流量]；利用三甘醇脱水至7lb/[$10^6 ft^3$(标)]；无气提气可用；三甘醇浓度为98.5%；C_D(吸收塔)为0.852；T_c为376°R；P_c为669psi(绝)。

确定：

① 计算吸收塔直径；

② 确定甘醇循环率并估算再沸器负荷；

③ 确定蒸馏塔尺寸；

④ 计算气/甘醇以及甘醇/甘醇换热器热负荷。

解决方案：

① 计算吸收塔直径

$d_M = 125 \mu m$(在$120 \sim 150 \mu m$之间)；$T = 570°R$；$P = 1015psi$(绝)；$Q_g = 98 \times 10^6 ft^3/d$(标)；$T_r = 570/376 = 1.49$；$P_r = 1015/669 = 1.52$；$Z = 0.865$；$\rho_g = [(0.67 \times 1015)/(560 \times 0.865)] = 3.79(lb/ft^3)$；$\rho_L = 70lb/ft^3$；$C_D = 0.852$(已知)；$d_2 = 5040 \times [(560 \times 0.685 \times 98 \times 3.72 \times 0.852)/1015 \times (70-3.79) \times 125]1/2 = 68.2(in)$。选用内径为72in吸收塔直径(标准成品)。

② 确定甘醇循环率以及再沸器负荷

$W_i = 63lb/10^6 ft^3$(标)(由McKetta-Wehe图表得到,饱和水含量)；$W_o = 7lb/10^6 ft^3$(标)；$\Delta W = W_i - W_o = 63-7 = 56(lb/10^6 ft^3)$(标)；$\Delta W/W_i = 56/63 = 0.889$。

通过$n = 2$(例如,8块实际板)和98.5%的甘醇纯度,从图2-48中读出甘醇循环率为2.8gal TEG/(lb水)。设计时,选3.0gal/lb。$L = 2.0gal/lb \times [56lb/10^6 ft^3$(标)$] \times [98 \times 10^6 ft^3$(标)$/D] \times (D/24h) \times (1h/60min) = 11.4gal TEG/min = 862Btu/gal = 590MBtu/h$。考虑到启动热载,增加10%热负荷余量,然后选择标准成品火管。因此,选择热负荷为750MBtu/h。

③ 设计蒸馏塔

用12ft蒸馏塔(标准填料布置)。$d_M = 125 \mu m$；$T = 300℉ = 760°R$；$P = 1psi$(表)；$Q_g = (10ft^3/gal) \times (11gal/min) \times (60min/h) \times (24h/d) = 0.16106 ft^3/d$(标)；

GAS DEHYDRATION

$Z=1.0$；$\rho_g=2.7(0.62\times16)/(760\times1.0)=0.035(\mathrm{lb/ft^3})$；$\rho_L=62.4\mathrm{lb/ft^3}$；$d_2=5040\times[(760\times1.0\times0.16\times0.035\times14.2)/16\times(62.4-0.035)\times125]1/2=17.5(\mathrm{in})$。选用外径为18in，长12ft的蒸馏塔。

④ 计算换热器负荷

出吸收塔三甘醇富液：$T=100℉$（已知）。

去分离器三甘醇富液：$T=200℉$（假设适合设计）。

来自回流管的三甘醇富液：$T=110℉$（假定在回流管中增加100℉）。

三甘醇富液去蒸馏塔：$T=300℉$（假定适合设计）。

来自再沸器的三甘醇贫液：$T=385℉$（见图2-59）。

三甘醇贫液去吸收塔：$T=110℉$（高出吸收塔温度100℉）。

⑤ 甘醇/甘醇预热器（富液侧，负荷）

三甘醇富液：$T_1=1100℉$（假定在回流管中增加100℉）；$T_2=200℉$。

三甘醇贫液组成：$W_{TEG}=0.985\times(70\mathrm{lb/ft^3})\times(1\mathrm{ft^3}/7.48\mathrm{gal})=9.22(\mathrm{lbTEG/gal}$贫液$)$；$W_水=0.015\times(70\mathrm{lb/ft^3})(1\mathrm{ft^3}/7.48\mathrm{gal})=0.140\mathrm{lb}$水$/\mathrm{gal}$贫液。

三甘醇富液组成：$W_{TEG}=9.22\mathrm{lbTEG/gal}$；$W_水=0.140\mathrm{lb}$水$/(1\mathrm{gal}$贫液$)+1\mathrm{lb}$水$/(3.0\mathrm{gal}$贫液$)=0.473\mathrm{lb}$水$/\mathrm{gal}$贫液；TEG质量分数=$[9.22/(9.22+0.473)]\times100\%=95.1\%$。

甘醇富液流量（W_{rich}）：$W_{rich}=[(9.22+0.473)\mathrm{lb/gal}]\times(11.4\mathrm{gal/min})\times(60\mathrm{min/h})=6630\mathrm{lb/h}$。

甘醇富液热负荷（q_{rich}）：从TEG物理性质中可知，110℉时，$c_p(95.1\%TEG)=0.56\mathrm{Btu/(lb\cdot℉)}$；200℉时，$c_p(95.1\%TEG)=0.63\mathrm{Btu/(lb\cdot℉)}$；$c_{p,AVG}=0.60\mathrm{Btu/(lb\cdot℉)}$；$q_{rich}=(6630\mathrm{lb/h})\times[0.6\mathrm{Btu/(lb\cdot℉)}]\times(200℉-110℉)=358\mathrm{MBtu/h}$。

⑥ 甘醇/甘醇换热器

富液$T_1=200$，$T_2=300$；贫液$T_3=390$，$T_4=?$

甘醇富液热负荷：从TEG物理性质中可知，200℉时，$c_p(95.1\%TEG)=0.63$；300℉时，$c_p(95.1\%TEG)=0.70\mathrm{Btu/(lb\cdot℉)}$。$c_{p,AVG}=0.67\mathrm{Btu/(lb\cdot℉)}$。$q_{rich}=(6630\mathrm{lb/h})\times[0.67\mathrm{Btu/(lb\cdot℉)}]\times(300℉-200℉)=444\mathrm{MBtu/h}$。

甘醇贫液流量(W_{lean})：W_{lean}=(11.4gal/min)(70lb/ft^3)(1ft^3/7.48gal)(60min/h)=6401lb/h。

计算T_4。假设T=250℉，T_{AVG}=(353+250)/2=302℉。$c_{p, AVG}$(98.5%TEG)=0.67Btu/(lb·℉)(查TEG物理性质)。q_{lean}=W_{lean}·c_p·(T_4-T_3)=-q_{rich}。T_4=T_3-[q_{rich}/(W_{lean}·c_p)]=353-(444000/6401×0.67)=293℉。

温度：贫液T_4=249℉。T_5=?

假设T_5=175℉。T_{AV}=(249+175)/2=212℉。

查T_{EG}物理性质，得出$c_{p, AVG}$(98.5%TEG)=0.61Btu/(lb·℉)。q_{lean}=W_{lean}·c_p·(T_4-T_5)=-q_{rich}。T_5=T_4-[q_{rich}/(W_{lean}·c_p)]=249-[358000/(6401×0.61)]=157(℉)(小于泵的最大允许值)。

贫液：T_1=157℉，T_2=110℉。

从T_{EG}物理性质中可知，157℉时，c_p(98.5%TEG)=0.57；110℉时，c_p(98.5%TEG)=0.53Btu/(lb·℉)。$c_{p, AVG}$=0.55Btu/(lb·℉)。q_{lean}=6401×0.55×(110-157)=-165(MBtu/h)。

甘醇/甘醇换热器：富液T_1=200℉，T_0=300℉；贫液T_2=353℉，T_0=249℉；热负荷q=444MBtu/h。

10 非再生脱水器

10.1 概述

另外一类脱水会将特别指出，那就是氯化钙脱水。

10.2 氯化钙装置

氯化钙脱水器是最普遍的(见图2-61)。装置包括三部分：进气洗涤塔、盐板和固体盐颗粒。仅有的活动件是对烃类液体和盐水混合物的液位控制。

10.2.1 操作原理

固体干燥剂放置在装置顶部，载有固体氯化钙的含水湿气脱除其部分水分，形成盐溶液，向下滴落，并填满塔盘。来自通过塔盘上特殊设计管嘴的进气与盐水高效地接触，最湿的湿气与最稀的盐类(相对密度约为1.2)接触，将近2.5lb水/(lb CaCl$_2$)在塔盘中脱除。另外的1lb水/(lb CaCl$_2$)在固体床层中脱除，最大的露点降(60℉~70℉)便在此处发生。通常这种公寓应用于没有热源或燃料的偏僻小气田。

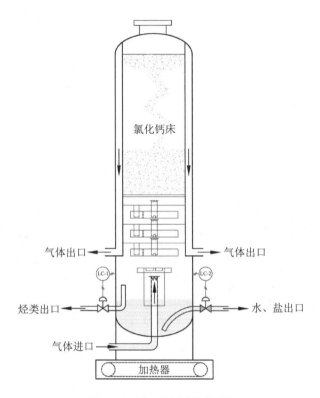

图2-61 氯化钙脱水器剖面图

优点：简单；无活动件；无热源要求；与H_2S或CO_2不直接发生反应；能够脱除烃类液体水分。

缺点：间歇式工艺过程；和油发生乳化；不可靠；露点降有限；盐处理问题；对变化的流量比较敏感。

10.2.2 操作问题

桥连和沟流问题；盐水在85℉时发生结晶，因此在低流量期间，会堵塞容器出口货塔板；携带盐水会导致严重的腐蚀问题。

10.2.3 设计考虑因素

图2-62表示被固体氯化钙床装置干燥后的天然气水含量。

11 普通甘醇物理性质

图2-63~图2-72包含了EG、DEG、TEG以及TTEG溶液的比热容、相对密度和黏度图。

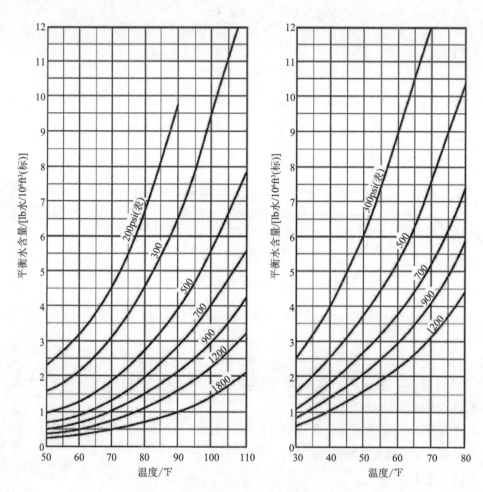

图2-62 氯化钙床装置干燥后的天然气水含量

(左：新装填；右：刚要再装填之前)

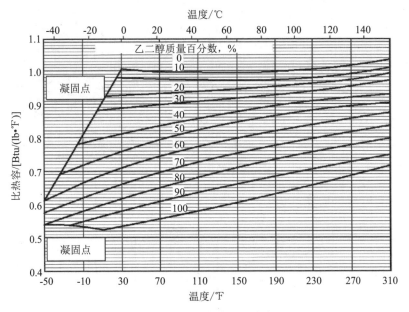

图2-63 EG水溶液比热容

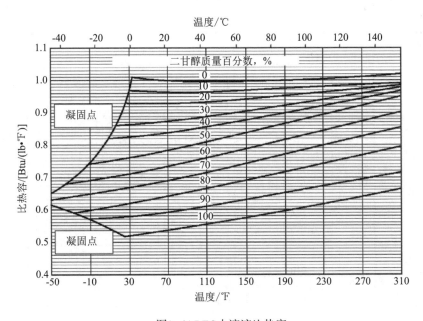

图2-64 DEG水溶液比热容

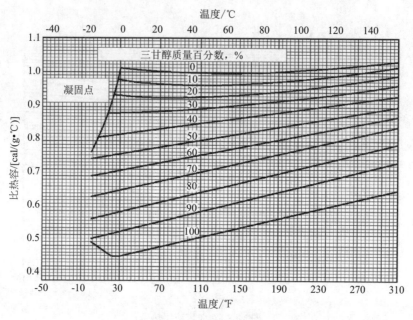

图2-65 TEG水溶液比热容

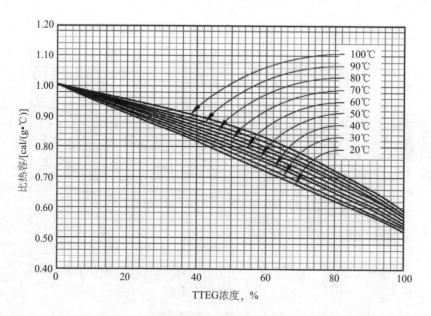

图2-66 TTEG水溶液比热容

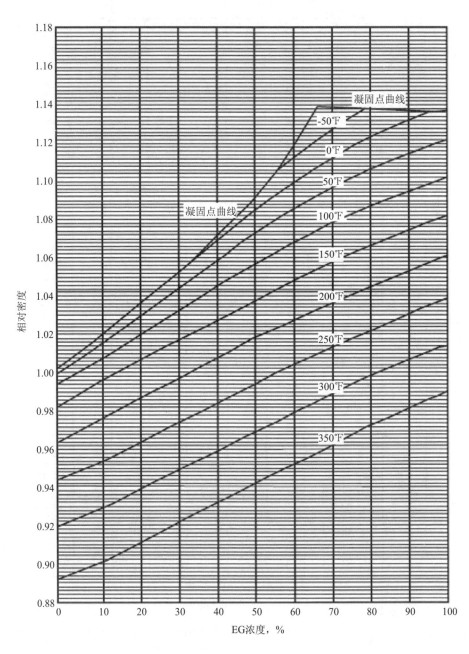

图2-67 EG水溶液相对密度

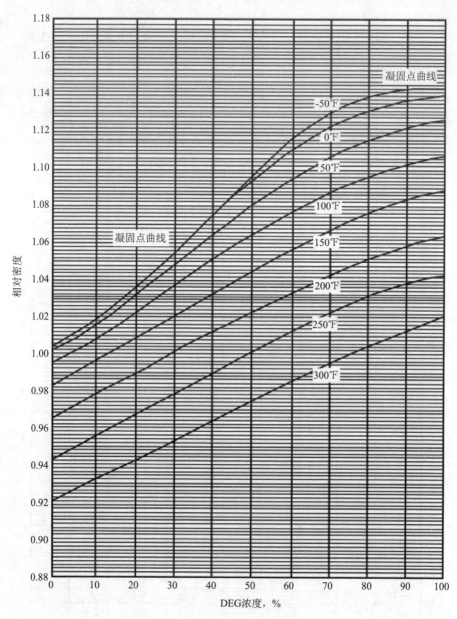

图2-68 DEG水溶液相对密度

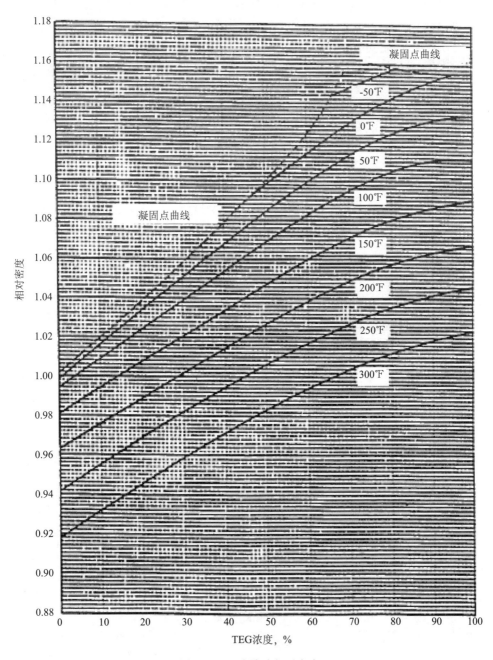

图2-69 TEG水溶液相对密度

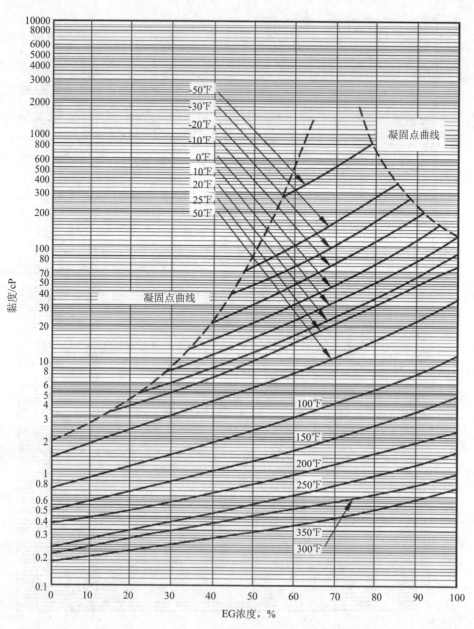

图2-70 EG水溶液黏度

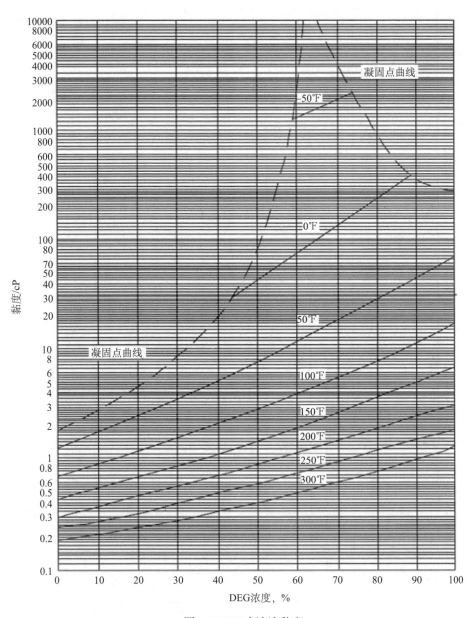

图2-71 DEG水溶液黏度

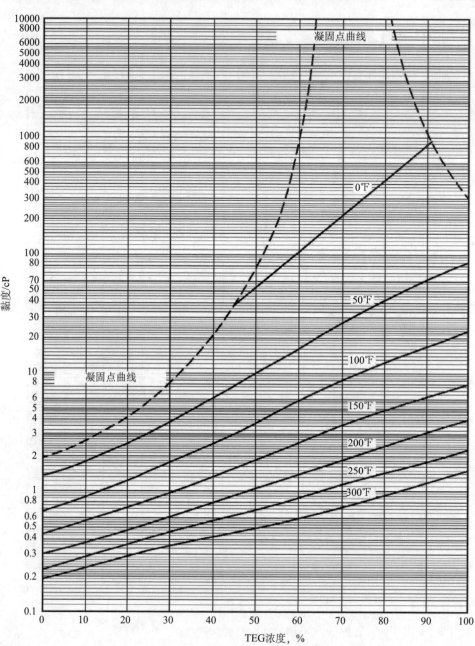

图2-72 TEG水溶液黏度

参考文献

Arnold, K., & Stewart, M. (1991). Surface production operations: Design of oil-handling systems and facilities. Houston: Gulf Publishing Co. Chapters 4 and 5.

Arnold, K., & Stewart, M. (1995). Surface production operations: Design of gas-handling systems and facilities. Houston: Gulf Publishing Co. Chapter 8.

Ballard, D. (1966). How to operate a glycol plant. Hydrocarbon Processing, (June), 180.

Dehydration. In Engineering data book (11th ed.). Sec. 19, 20, & 21. (1998). Gas Processor's Suppliers Association/Gas Processors Association, Tulsa.

Gas Conditioning Fact Book. (1962). Dow Chemical of Canada Ltd., Toronto.

Grosso, S. (1978). Glycol choice for gas dehydration merits close study. Oil and Gas Journal, (February), 106.

Holder,M.R(1991). Performance troubleshootingonaTEGdehydration unit with structured packing. In Proc., Laurence Reed Gas Conditioning Conference (pp. 100-112). Oklahoma: Norman.

Kean, J. A., Turner, H. M., & Price, B. C. (1991). How packing works in dehydrators. Hydrocarbon Processing, (April), 47.

Kraychy, P. N., & Masuda, A. (1966). Molecular sieves dehydrate high-acid gas at pine creek. Oil and Gas Journal, (August), 66.

McKetta, J. J., & Wehe, A. H. (1958). Use this chart for water content on natural gases. Petroleum Refiner, (August), 153.

Redus, F. R. (1966). Field operating experience with calcium chloride gas dehydrators. World Oil, (February), 63.

　　涉及众多的现场操作人员的个人沟通和故障排除案例来源于Total E&P Indonesie、Chevron Nigeria Limited、Unocal Indonesia、Unocal Thailand、PTTEP、Cabinda Gulf Oil Company、Petronas、Brunei Shell、Sarayak Shell、BP Indonesia、BP Viet Nam和ExxonMobil Malaysia等公司。

第三部分 醇系统检修、维护以及发现并排除故障

1 定期检修

1.1 定期检修计划

定期检修计划能够减少由于发泡、系统堵塞导致的醇溶液损失,减少由于腐蚀、泵故障导致的机械故障。定期检修计划也能使系统停机时间最短,使系统的操作效率最大化。

1.2 一次成功的定期检修项目包括五个步骤

1.2.1 记录

详细的记录用来确定系统的效率并且能准确的指出操作问题。包括水露点、醇溶液的使用情况和维修状态的前期以及现在状况的记录,有助于创建系统属性。一旦系统属性被定义,更容易发现那些可能标明潜在问题的不正常的系统特征。

1.2.2 机械维修

日常的检查是必须的,以确保系统能够正常运行。突发的任何状况都应该立即被解决,因此应阻止此类问题的发生。

1.2.3 醇溶液维护

醇溶液的定期化验分析(每一个或两个月),能够为本单元的内部运行提供详细信息。许多工艺相关的问题都能够在机械故障之前被发现。药剂问题被发现,并且在这些问题变得高代价且对装置性能有害之前,应采取正确的措施。

1.2.4 腐蚀控制

　　腐蚀在醇溶液脱水系统中是一个常见问题(见图3–1～图3–4)。如果未经检查，危害可能会扩大。所有装置都应该设有腐蚀控制设施。

图3–1 泡罩塔盘的氧化腐蚀

图3–2 浮阀塔板的载硫腐蚀

图3-3 泡罩塔的酸性腐蚀

图3-4 接触塔的整体氧化腐蚀

1.2.5 沟通

现场与办公人员之间的通信线路对系统的平稳运行至关重要。日常的操作情况和任何可能发生的问题,都必须告知办公人员(产品监督者、设备工程师和采购商)。现场人员必须明确那些可以改进操作的技术信息,对现场操作人员的培训是为了让操作人员更好的维护设备。

1.3 记录

创建系统属性的必要记录包括:

① 设计资料包括容器规格书、设备图纸和PID;

② 过滤元件或介质更换(类型和频率);

③ 醇溶液用量(gal/月);

④ 化学添加剂(种类和数量);

⑤ 气体产量和流量图标(最大值、平均值和最小值);

⑥ 出口气体的水露点/含水量[lb/10^6ft^3(标)];

⑦ 机械检查(种类、量级、频率、结果)。

构成系统属性的必要的检查包括:醇溶液分析(格式、频率、建议、结果);腐蚀试样结果(mil/a)、频率;与系统维修有关的材料和劳动力(生产费用)。

图3-5、图3-6和图3-7为一般的报告格式实例。根据以上信息,一个好的系统属性能够描述详细的系统。更新这些报告信息将会显示一个装置系统属性的任何细小的变化,并可以向你警告潜在的或正在形成的问题。

每月的醇溶液脱水报告

公司＿＿＿＿＿＿＿＿＿＿＿＿＿＿＿＿＿＿ 月/年＿＿＿＿＿＿＿＿＿＿＿＿＿＿＿

位置＿＿＿＿＿＿＿＿＿＿＿＿＿＿＿ 醇溶液泵类型/型式＿＿＿＿＿＿＿＿＿＿＿

日 期	再沸器温度	蒸馏塔温度	泵速转/(r/min)	醇溶液添加量/gal	气体流量/10^6ft^3(标)	泵吸入口甘醇温度		吸收塔气体参数		添加剂	操作者	备注
						贫 液	富 液	温 度	压 力			

图3-5 每月的醇溶液脱水报告

过滤器更换表

公司 _____ 添加剂 类型和数量 _____

位置 _____ 碳类型/数量 _____

添加剂 过滤器		活性炭过滤器		操作者	备 注
更换日期	存货清单	更换日期	存货清单		

图3-6 过滤器更换清单

每月的药剂用量

公司 _____ 月/年 _____

位置 _____ 醇溶液浓度 _____

	醇溶液		腐蚀抑制剂		消泡剂		备 注
日 期	添加的数量/gal	存货清单	数量/gal	存货清单	数量/gal	存货清单	

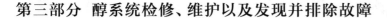

每月的药剂用量							
公司＿＿＿＿＿＿＿＿＿＿				月/年＿＿＿＿＿＿＿＿＿＿			
位置＿＿＿＿＿＿＿＿＿＿				醇溶液浓度＿＿＿＿＿＿＿＿			
醇溶液			腐蚀抑制剂		消泡剂		备注
日 期	添加的数量/gal	存货清单	数量/gal	存货清单	数量/gal	存货清单	

图3-7 每月药剂用量

1.4 机械维护

为了保证装置正常操作并且避免操作问题, 应做到以下几条:

① 确保仪表及控制保持良好的工作状态(温度计和压力表等)。在再生器上使用一个测试温度计, 以确保合适的再生器热量。

② 醇溶液过滤原件的更换频率是基于平均预期需求: 超细纤维过滤器应每月更换一次; 活性炭过滤器应每1个月(小筒式过滤器)至6个月(大体积原件)更

换一次；醇溶液的化验分析有助于更换频率的确定；操作条件混乱的或者突然的变化，可能会使过滤器比定期维护过程中预期脏得更快；确保过滤器的压差低于15psi。

③ 在醇溶液撬块及周围找出醇溶液的泄漏。大部分的泄漏能够通过对接头、阀杆填料或者泵杆填料的紧固来防止，当泄漏点被修好后，应清理干净影响区域，以便于更容易发现新的泄漏。

④ 最少一天两次检查醇溶液液位，必要的时候应添加醇溶液。书面记录醇溶液的添加量，这便于操作者发现过量的醇溶液损失，并尽快采取相应的措施。

⑤ 通过每天测定一次水露点来确保装置性能正常。

⑥ 每个月清理一次醇溶液滤网，防止能够造成醇溶液泵停运的灰尘聚集。

⑦ 每天检查醇溶液循环速率。任何时候的气体流量变化，或者是气体压力或温度的剧烈变化，醇溶液的流量都应该重新计算，并对泵进行相应的设置。

⑧ 对于直接燃烧的燃烧管，每周观察燃烧管的热点或爆裂是否出现。如果出现，则这些表明燃烧管非常脏且接近报废。

⑨ 手动操作主燃料喷嘴，以确保燃气阀工作且指示灯亮。检查燃气洗涤罐可能妨碍燃烧器运行的流体聚集情况。

1.5 醇溶液维护

1.5.1 一般原则

当循环醇溶液被污染时，会引起操作和腐蚀问题。一些醇溶液被污染的问题很容易被发现并采取修正的措施。应每天从缓冲罐或者泵的醇溶液吸入口取样，仔细检查样品中是否存在可能被产品腐蚀的黑色颗粒沉降。如果存在，则表明有内部腐蚀问题(见图3-8和图3-9)。

1.5.2 样品气味

如果气味是甜的或芳香的(类似腐烂的香蕉)，样品可能热分解了；如果样品是黏滞的和黑的，它很可能是被烃类或者处理过的药剂污染了；如果烃类污染足够严重,样品会分层。

　　每一个月或两个月,把贫富液样品送到实验室做全面分析,这种分析能为装置性能和醇溶液状态提供详细描述。

图3-8 未被污染的醇溶液样品

图3-9 三个被液烃污染的醇溶液样品
(a)—中度的;(b)—重度的;(c)—轻度的

1.6 腐蚀控制

1.6.1 概述

1.6.1.1 一般原则

　　腐蚀是导致设备提前报废的一个主要因素,腐蚀在整个系统的内外都可能发生,严重腐蚀最常见发生的两个区域是:蒸馏塔的回流管;缓冲罐的排气/进料连接处。

这是由于在蒸馏塔顶排气/进料管处有高浓度的水蒸气和空气。几乎总是单独或同时存在于醇溶液系统中的三类腐蚀为：氧化(见图3-1)、酸性腐蚀(见图3-3)和载硫腐蚀(见图3-2)。

1.6.1.2 氧化

金属的氧化是金属与氧分子之间的电子交换形成正负氢离子，造成金属损失，由此过程产生的鳞片状物质叫做氧化物或铁锈。氧化的特点为粗糙的、不规则的、鳞状铁锈构成的浅的金属锈斑。

1.6.1.3 酸性腐蚀

生产的天然气里经常有酸性气体(H_2S和CO_2)。醇溶液和硫化物是很活泼的，例如H_2S，会与金属分子交换电子，引起腐蚀。产生的物质为聚合物(形成大分子)，聚合物形成很有腐蚀性的黏性物质。酸性腐蚀的特点为深的、齿状的锈斑。

1.6.1.4 载硫腐蚀

醇溶液中的水是蒸气形式，凝结成水或者夹带在醇溶液中。二氧化碳(CO_2)溶于水中形成碳酸。因为生产的天然气大部分含有CO_2，在醇溶液系统中含有碳酸是非常普遍的。这种由碳酸引起的腐蚀叫做载硫腐蚀。载硫腐蚀的特点为深的、圆的、光滑的锈斑。有时，锈斑会覆盖一大片面积，掩盖了锈蚀的深度。

1.6.2 预防和控制计划

1.6.2.1 一般原则

预防和控制计划应该包括系统监控、使用腐蚀试件和醇溶液化验分析(pH值和铁含量)。

在醇溶液系统抗腐蚀分为三个步骤：

① 在气相及液相中使用有效的腐蚀抑制剂；

② 在建设中使用抗腐蚀的合金材料；

③ 保持装置洁净，防止由于污染引起的酸的形成。

曾尝试过阴极保护，但是几乎没有成功。尝试完全阻止腐蚀是不现实的，腐蚀速率可以被降低到一个几乎可以忽略的水平上。可接受的最大的腐蚀速率是6mil/a。

腐蚀抑制剂通过几种方式作用,对醇溶液装置最适合的两种为:pH缓冲和加抑制剂。

1.6.2.2 pH值缓冲

pH值缓冲包括:链烷醇胺、MEA和TEA。

通过将pH值稳定在中性来减少腐蚀环境,减少腐蚀。胺不是真正的抑制剂,这是因为它实际上没有为金属表面提供保护。

链烷醇胺是由醇溶液产生的,因此能够在系统中被保留较长时间。然而,在正常再生操作温度下它们会热降解,并且如果频繁使用的话,则会在系统中留下有害物质。

1.6.2.3 喷涂抑制剂

牛脂胺,与无机胺不同,像链烷醇胺一样是一种有机胺。它被归类为喷涂抑制剂,即使它实际上并没有喷涂在设备外表面。在高温下,它从醇溶液中闪蒸出来,当它汽化时与再生器的水蒸气空间接触,在裸露的金属表面形成一层牢固的薄膜,这种薄膜会逐渐消失,必须不时地重新补充以维持保护。它也会缓冲pH值,但比链烷醇胺缓冲的程度小。

实际的喷涂抑制剂包括硼砂、钠开普(巯基苯并噻唑钠)和磷酸氢二钾。

这些抑制剂是严格的液相保护。它们将被涂覆在容器外壁,在腐蚀环境与金属之间形成一个保护屏障。这个屏障也组织了已经发生的电子交换,极大地降低了腐蚀速率。由于喷涂抑制剂都是碱,一定程度的pH值缓冲将受到影响。pH值缓冲不像使用胺那么大。

1.7 沟通

沟通是一个有效的维护过程中的最容易的部分,但是它也是最被忽视的。沟通可以包括:管理人员与劳动者;工程师和工头;相对应替换的操作者;办公人员和现场人员。

缺少沟通是醇溶液系统故障最起作用的一个因素:什么时候更换醇溶液过滤器?经验的醇溶液损耗是多少?醇溶液分析的结果是什么?最近发生的问题是什么?

沟通失败会引起混乱进而发展成为大问题。

1.8 一般原则

当醇溶液循环系统变脏时, 操作和腐蚀问题经常发生。为了达到醇溶液系统长期无故障使用, 发现这些问题并且知道如何去处理它们是必要的:

① 氧化;

② 热分解;

③ pH值控制;

④ 盐污染;

⑤ 烃类;

⑥ 沉淀物;

⑦ 起泡。

1.9 氧化

氧气通过无覆盖的储罐、储油槽、泵填料压盖与进口天然气一起进入系统。有时候醇溶液在有氧气的情况下氧化形成腐蚀性酸。为了防止氧化, 大储罐应用气体密封, 或者使用氧化抑制剂。

通常, MEA与33.3%的胺溶液以各50%的比例混合, 在吸收器和再生器间注入醇溶液中。最好是使用计量泵, 使加注连续、均一。

1.10 热分解

过热是如下情形的结果, 会分解醇溶液并形成腐蚀产物:

① 超过醇溶液分解温度的高的再生温度;

② 设计工程师有时会设计高的热负荷, 以使换热器花费低;

③ 由再生器火管中的盐沉淀、焦油产品或火管上的微弱的火焰引起的局部过热。

1.11 pH值控制

pH值是测量液体酸碱度的, 范围为0～14。pH值为0～7, 说明液体是酸性的; pH值为7～14, 说明液体是碱性的。

为了获得真实的数据, 在pH值测定之前, 醇溶液样品应用等量的蒸馏水稀释。pH计应经常校核以使它准确无误。蒸馏水也应该被检查, 以确保它的

pH值为中性值7。

新鲜的醇溶液为中性,即pH值接近7。除非使用中和剂或缓冲剂,pH值随着醇溶液的使用降低变为酸性。随着醇溶液的pH值减小,设备腐蚀速率大大增加。由醇溶液氧化,热分解产物或进气携带的酸性气体导致的酸性增大,是最难控制的腐蚀因素。

低pH值使醇溶液分解加速,理论上,醇溶液的pH值应控制在7.0~7.5之间,pH值大于8.5会使醇溶液气泡或乳化,pH值小于6.0会使系统被污染、腐蚀或氧化。四硼酸钠、乙醇胺(通常是三乙醇胺)或其他的碱性中和剂通常被用于控制pH值。

为了有更好的结果,这些中和剂应该缓慢、连续地加注,过量的加注通常会在醇溶液中形成黑色杂质的悬浮液,这些杂质会沉淀并且在循环系统中的任何地方堵塞醇溶液。加注pH中和剂应经常更换过滤器滤芯。

位置不同,加注的中和剂的量和频率不同。通常,每100gal醇溶液中加注0.25lb三乙醇胺(TEA),这对于提高pH值到安全范围是足够的。当醇溶液pH值非常低时,所需的中和剂的量可以通过滴定实验来确定。为了得到最好的结果,应使用贫液而不是富液来进行实验,中和剂与系统中的所有的醇溶液完全混合需要一定的时间,pH值需要几天时间才能升到安全值,每次加注中和剂后,醇溶液的pH值应被测定数次。

1.12 盐污染(盐沉淀)

盐沉淀加速设备的腐蚀,它也降低了火管的热传递。当使用液体相对密度计来测定醇溶液的浓度时,它会改变相对密度读数。通过一般的再生不能去除它们。安装在醇溶液装置上游的洗涤器,可用来阻止游离水中携带的盐。在大量产生盐水的地方,会发生一定程度的盐污染。

从醇溶液中除去盐分是必须的,可以用下回收方法:

① 通过离心机的表面热交换;

② 真空蒸馏;

③ 离子交换;

④ 离子阻滞。

1.13 烃类

由进气携带或反应器中冷凝出来的液烃,增加了醇溶液的气泡、降解和损失。必须通过以下方去除:

① 醇溶液/气体冷凝分离器;

② 液烃分离器;

③ 活性炭床层。

1.14 沉淀物

固体颗粒和烃类(沉淀物)悬浮在循环的醇溶液中,并且随着时间会沉淀下来(见图3-10)。这会导致黑色黏稠有腐蚀性的胶状物的形成。当醇溶液pH值低的时候,会引起泵、阀门和其他设备故障。

图3-10 醇溶液超细纤维过滤器聚集的沉淀物

1.15 发泡

1.15.1 一般原则

过度的湍流和高的气液接触速率,经常导致醇溶液发泡(这种情况可能由机械的或化学问题引起)。防止发泡的最好方法是适当的醇溶液维护。例如:在醇溶液系统之前进行有效的气体净化,对循环溶液进行良好的过滤。

1.15.2 消泡剂

使用消泡剂仅仅作为临时控制措施,直到产生泡沫的条件被确认和消除。

措施效果好坏取决于消泡剂什么时候如何被加入。如果在泡沫产生之后加入,消泡剂是作为好的抑制剂的。但是,如果是在泡沫产生之前加入,会使泡沫更加稳定从而加重问题。

在高温、高压下几个小时,大部分消泡剂会失去活性,醇溶液的热量会使它们失效。因此,为了达到最好的效果,消泡剂应该连续加注,一次一滴。

使用化学进料泵可以准确计量消泡剂,提高在醇溶液中的分散度,通过反应器的不同压力自动启动。

1.16 醇溶液的化验和控制

1.16.1 一般原则

醇溶液的化验对一个良好的装置操作是必要的,这能够准确指出高醇溶液损失、气泡、腐蚀和其他操作问题。化验分析能够使操作人员评估装置性能,并且改进操作以达到最大的脱水效率。

1.16.2 肉眼检查

醇溶液样品应首先用肉眼检查来分辨一些污染物(见图3-11)。分离出来的黑色沉淀可能预示着铁腐蚀产物的出现;黑的、黏稠的溶液可能包含重烃;分解的醇溶液独有的气味(甜的芳香气味)通常预示着热分解作用。

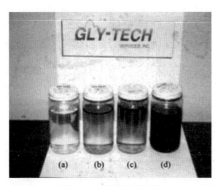

图3-11 醇溶液样品

(a)—正常的醇溶液;(b)—携带烃类;(c)—沉降在样品容器底部的铁腐蚀颗粒沉降;
(d)—携带大量液烃的两相样品

两相的液体样品通常表明醇溶液已被烃类严重污染, 肉眼观察的结论应紧接着用化验分析来支持。

1.16.3 化验分析

对醇溶液贫富液样品的完整分析, 并作出正确的解释, 能为脱水装置及其工艺提供详细的描述。醇溶液分析应包括对以下方面的化验(参考表3-1):

① pH值(50/50);

② 烃含量;

③ 水含量;

④ 总悬浮固体量;

⑤ 残渣;

⑥ 氯化物;

⑦ 铁含量;

⑧ 泡沫特征(高度和稳定性);

⑨ 相对密度;

⑩ 醇溶液化合物(EG、DEG、TEG、TTEG)。

表3-1 化验分析(样表)

公司_____   日期: _____

位置_____

测试项		贫液	富液	允许范围	理想值
pH值(50/50)			6~8	7~7.5	
烃类, %			0.1		
水含量, %			2(贫液), 6(富液)		
TSS, %			0.01		
残渣, %			4	2	
氯化物/(mg/L)			1500	1000	
铁/(mg/L)			50	35	
发泡特征	高度/mL			20~30	
	稳定性/s			15~5	
	相对密度			1.118~1.126	

公司_____ 日期:_____

位置_____

测试项		贫液	富液	允许范围	理想值
醇溶液组成	EG				
	DEG				
	TEG				
	TTEG				

1.16.4 化验分析解释

1.16.4.1 pH值

小于6的pH值通常与系统的污染、腐蚀和氧化相关联。小于5.5会发生自然氧化,醇溶液的化学分解发生在内部。在没有外部影响的情况下,醇溶液有持续减少的趋势。

低pH值的原因:在进气中含有的酸性气体;由于氧化或者热分解产生的有机酸;醇溶液中过量的氯化物(盐);进气携带的化学药剂;进气及醇溶液中携带的液烃的热分解;由于储存不当引起的醇溶液的氧化。

高pH值的原因:化学药剂的污染;低pH值系统中加入过量的中和剂。

由稳定的醇溶液和烃类的乳化物造成的高pH值能引起发泡倾向,沉淀物和残渣聚集能引起高pH值和低pH值。

1.16.4.2 沉淀物

沉淀物可能变成有腐蚀性的物质,并引起过早的泵和阀损坏。沉淀物可在塔盘、导流管、蒸馏塔填料和换热器中聚集,引起系统堵塞。

1.16.4.3 烃

进口分离器携带或由于温度变化冷凝下来进入醇溶液物流中。当天然气流经接触塔时,压缩机润滑油和其他的有机化学物(例如管道腐蚀抑制剂)会被带出,油和有机物残渣会引起油水形成乳化液或悬浮液。这会引起发泡,从而导致从接触器中带走过多的醇溶液,而污染物会引起接触器、蒸馏塔和换热器的堵塞。

轻烃通常通过一个足够大的醇溶液/烃类分离器从醇溶液中分离出来。重烃又称为水溶性烃,因为它们与醇溶液结合。通常是用活性炭将它们滤除。轻质烃(不溶的)最大允许量为1%(体)。可溶性烃最大允许量为0.1%。

造成发泡的主要原因是沉淀物及残渣覆盖、低pH值、脱水性损失和醇溶液分解。

1.16.4.4 含水量

含水量是指醇溶液中的水量。贫液与富液样品之间的差异,反映了吸收塔中的负荷程度,也反映了再生效率。

对于贫液,醇溶液的纯度应至少为98%;对于富液,则至少应为94%。在正确系统操作下,这些浓度将会生产出预期的水露点。要达到更低的水露点,必须提高醇溶液纯度(或降低水含量)。

贫液样品的高水含量通常预示着低再生热量。贫液样品中的高水含量也可能预示以下情况:过高的醇溶液循环量;设备尺寸不足;分离器中携带;从再生器到喘振的水汽交换;醇溶液换热器中的泄漏;蒸馏塔中的过量回流;高的进气温度。

在富液样品中高水含量预示着以下情况:低的醇溶液循环量;从分离器中携带;较差的再生;换热器通信;设备尺寸不足;高的进气温度。

通过检查烃类、氯化物、铁和发泡量来帮助确定问题。

1.16.4.5 固体悬浮物

被认为是那些在醇溶液中悬浮的小于0.45μm的固体和烃类,是较差的进口分离、腐蚀和醇溶液热分解的结果。而浓度大于0.01%预示着较差的冲击/超细纤维过滤。大部分过滤器能够去除颗粒尺寸为5μm的颗粒。过量的大于此粒径的颗粒有助于醇溶液稳定发泡倾向。

当醇溶液中含有高浓度的悬浮固体,有可能在容器内壁上形成残渣淤积。反应塔盘、换热器、蒸馏塔和再生器的堵塞醇溶液是有可能的(通常伴随着低的醇溶液pH)。

1.16.4.6 残渣

残渣量是系统污染的一个变量。醇溶液样品被蒸馏,去除所有的轻质烃、水和醇溶液,残渣代表剩下的污染物。残渣一般由以下物质组成:总的固态物质(悬浮和残余)、盐和重烃。

残渣的量最好保持在2%以下,然而一些系统在2%~4%之间也可以很好地运行。在醇溶液装置中,残渣含量大于4%是装置损坏的前兆,此时残渣应立即被清除。

1.16.4.7 氯化物

氯化物的值表明醇溶液样品中无机氯化物(盐)的含量。随着氯化物(NaCl或$CaCl_2$)的浓度增加,其溶解度降低。当对醇溶液加热时,氯化物溶解度也降低。

当溶解度降低时,盐开始形成结晶,然后从醇溶液中析出,在热源中堆积并引起加热管的过早损坏。这些盐结晶可能会被醇溶液带进系统的其他区域。

过量的氯化物的潜在问题包括系统堵塞、降低pH值、造成醇溶液泵损坏、造成发泡,以及带来由于醇溶液的快速分解而引起的脱水性能损失。从高浓度醇溶液中去除氯化物要求采用真空蒸馏工艺。氯化物浓度高于1000mg/L会使发泡趋势稳定,可能导致过高的醇溶液损失,从而影响醇溶液的pH值。

在醇溶液中,盐沉淀会从1500~12200mg/L开始发生。然而,形成的晶体是非常小的,几乎不会造成危害。盐浓度超过2200mg/L会发生沉降,有可能造成系统损坏。过滤能去除大的盐结晶,但是大部分跟盐有关的损害,在结晶变的足够大能够过滤的过程中已经发生。

1.16.4.8 铁

在醇溶液样品中发现的铁,说明可能存在腐蚀,或者携带生产水。

铁含量超过50mg/L通常表明腐蚀的存在。不管是在醇溶液装置生产设备的上游,还是在井下,这是很难确定的。对照醇溶液装置的pH值和氯化物浓度,以及通过肉眼观察,都可能有助于确定可能腐蚀的位置。在有氧气存在的系统中,腐蚀产物由可溶性铁和细的含砂颗粒组成;在没有氧气存在的系统中,腐蚀产物除了铁之外还包括硫化物。

1.16.4.9 发泡

① 一般原则

通过发泡引起的醇溶液损失比任何其他原因都多,不经过化验分析不能轻易发现。平缓的少量的醇溶液损失经常被忽视,结果几乎总是污染。

引起发泡的首要污染是:烃类(从分离器携带)和固体、氯化物、压缩机润滑油、进口处理药剂和铁。

水含量通过诱发污染物,尤其是烃类的乳化影响发泡趋势。活性炭过滤是控制发泡最有效的方法。有机硅乳液型消泡剂很常用,但是只能在征兆的情况下进行处理,不能消除根本原因,因此只能作为临时的解决措施。寻找引起发泡污染物的来源是唯一的有效解决措施。

② 泡沫实验

泡沫实验是以6L/min流速将干燥空气注入量筒容器中的200mm的醇溶液样品,直到泡沫稳定在最大高度为止。分别记录液体和泡沫的体积,然后减去原始的200mL体积,记录剩下的高度数值作为溶液起泡的开始。在完成最大气泡高度记录后,从样品中移除干燥空气,记录泡沫从最大体积到完全消除所花费的时间(s),这个时间代表了发泡趋势,被称为稳定性。对于允许的发泡高度和稳定性没有实际的数值,适当稳定性的很低高度的泡沫与很低稳定性的适当高度的泡沫一样会引起少量的醇溶液损失。因此,泡沫实验结果的可接受范围为:高度20~30mL;稳定性5~15s。

③ 允许界限

允许界限代表每一个允许的增加和减少值。例如,一个样品的允许高度为25mL,允许稳定性为10s,30mL的高度和15s稳定性的样品会有高的发泡趋势,并导致醇溶液损失。

1.16.4.10 相对密度

相对密度用于判断醇溶液纯度。60°F时的相对密度在1.126~1.128表明99%TEG含量(工业级),相对密度在1.124~1.126表明97%TEG含量(工业级)。从操作中的脱水装置中提取的贫液样品应具有1.1189~1.121的相对密度,这个变化考虑到系统污染的允许数值。

低的相对密度表明以下一个或更多问题:TEG中含有过量的EG或DEG(替代醇溶液的较差质量的);样品中有过量的水;样品中有过量的烃。

高的相对密度表明系统被过量的固体或密度比醇溶液大的一些添加剂污染；醇溶液的热分解；醇溶液的氧化或化学降解。

1.16.4.11 醇溶液组分

醇溶液的组成表明它的质量，应给出在醇溶液试验溶液中的醇类组分(EG、DEG、TEG、TTEG)数值。

为了达到最好的效果，醇溶液系统要求技术等级(97%)或更好等级的TEG。除了97%的TEG，醇溶液可能包含各种浓度，多达1%的EG和3%的DEG，但是含量不超过总的3%。

醇溶液的降解通常通过醇溶液组分变化和pH值降低来反应。热降解是最普遍的，其特点是EG、DEG含量过高，偶尔会出现TTEG。醇溶液的pH值会降低，醇溶液样品会是黑色的，有芳香气味(熟香蕉)。

化学降解是有氧气和酸性污染物引起的，其特点是：过量的EG和DEG，但是没有TTEG的出现；低pH值；醇溶液可能不是太脏。

自然氧化是持续的化学降解的一种形式。

1.17 故障诊断与维修

1.17.1 一般原则

即使最好的定期检修也不能保证脱水单元无故障操作。装置故障的最明显表现是出口流体高的水含量(水露点)。造成高的水含量的原因是：较差的醇溶液循环；醇溶液的再生。

这些问题可能由多种因素引起：机械原因；设备设计时没有考虑目前的操作条件。

通过改变条件和机械操作，这些问题有时能被部分缓解。

1.17.2 高水露点

1.17.2.1 醇溶液循环量少

如果醇溶液循环量少，检查换热器和醇溶液管道限制堵塞情况。

对于电驱的活塞泵，检查流量计(如果有)，以确保适当的醇溶液循环量。如果没有流量计，通过关闭反应器的出口阀门并对塔器的填充速率进行计时来确定循环量。检查泵，停泵，关闭出口阀，打开旁通阀，并重启泵。允许在无负载的情况下通过旁通线短暂运行来除去泵中残留的气体。

对于醇溶液气动力泵,关闭干气出口阀。如果泵持续运转,允许打开干气出口泄放阀短时间运转。一旦所有的气体都被清除,关闭些泄放阀。如果泵持续运转,终止使用并提交维修。如果泵没准备好,但是持续通过干气出口泄放阀运送气体,应检查泵进口过滤器的堵塞情况,检查缓冲罐中的醇溶液液位。

1.17.2.2 再生不足

① 使用温度计(350~400℉)明确再生温度,如果需要,提高温度;

② 检查醇溶液换热器是否有湿的醇溶液泄漏到干的醇溶液流体中;

③ 如果可以,检查脱除的气体,确保脱除的气体以适当的速度运行;

④ 检查再生罐与缓冲罐之间的气相空间的流通,流通可能意味着被污染的干气进入泵。

1.17.2.3 与设计不同的操作条件

① 检查上游分离器和缓冲罐的操作,以确保不会是系统过载;

② 增大吸收压力,这可能要求安装一个背压阀;

③ 如果可能,降低气体温度;

④ 如果可能,增大循环量;

⑤ 如果可能,提高再生温度。

1.17.2.4 低流率

① 如果可能,封锁一部分泡罩;

② 减低系统压力;

③ 对干醇溶液增加额外冷却并增加循环率;

④ 为了更低的流速,把吸收器替换到设计的小装置。

1.17.2.5 吸收塔的损坏

打开视口或人孔,确定塔盘的完整,需要时进行修理或替换。

1.17.2.6 醇溶液的分解或污染

对贫富液醇溶液样品进行了分析,记录下来严重污染、热或化学分解的迹象,必要时清理系统并重新注入新鲜的醇溶液。

1.17.3 接触器中的醇溶液损失

1.17.3.1 发泡

① 发泡的主要原因是污染, 应去除污染源, 如果需要, 应清理接触器、清理系统, 并更换醇溶液;

② 提高过滤能力, 增加活性炭过滤;

③ 增加复合防沫剂(硅丙乳液型);

④ 调高pH值以防止乳化(使用乙酸)。

1.17.3.2 堵塞或污染塔盘

① 清理塔盘;

② 人工进塔清理;

③ 打开视口, 并用水冲洗或用手清理;

④ 化学清理。

1.17.3.3 过快的速度

① 降低气体流速;

② 增大吸收压力。

1.17.3.4 阻断塔盘水封(气体净化)

如果接触器有旁通阀, 打开旁通阀关闭气体进口阀将塔隔离。让醇溶液泵运转5min, 然后在醇溶液循环时打开气体进口阀, 慢慢关闭气体旁通阀。

如果接触器没有旁通阀, 停止或大幅减小进塔的气体流量(关井、放空、切换系统等), 让醇溶液循环5min, 然后慢慢让气体进入塔中。

如果不能停止或减小气体流量, 增加醇溶液循环量到可能的最大值2~5min(冲击塔板使液封压力复位)。

1.17.3.5 冷的醇溶液(冷的气体)

如果需要, 通过提高管路加热器的温度或增加管路加热器来提高气体温度。

1.17.3.6 泄漏

① 对于泄漏到干气中的醇溶液, 对醇溶液换热器外部的气体进行压力试验;

② 检查所有塔排污总管(如果可以),外部的浮笼(LSLL等)。

1.17.3.7 整个洗涤器的累积

① 检查升气塔盘与洗涤器段之间的传输;

② 检查底部塔盘泄漏,这可能会造成损坏或不恰当的升气;

③ 检查醇溶液的液位控制和溢流阀操作(对那些有电驱醇溶液泵的装置)。

1.18 再生器中的醇溶液损失

1.18.1 泄漏

① 确保所有泄放阀是关闭的;

② 确保塔密封是好的;

③ 检查加热管的完整性(换热管中的醇溶液损耗或废弃的加热管,烟囱中会产生浓烟);

④ 检查再生器外壳的完整(记录从保温层、湿保温层或指示器污点泄漏出来的醇溶液);

⑤ 热源法兰泄漏(较差的垫片)。

1.18.2 不好的醇溶液泄放阀

更换醇溶液泄放阀。

1.18.3 离开蒸馏塔

蒸馏塔填料堵塞或被污染,清理或更换蒸馏塔填料。

对于饱和的醇溶液(液滴仍然喷出),检查再生器的热源。确保温度在 $350 \sim 400 ^\circ\text{F}$,检查携带进入接触塔的自由液体或喷雾液体。如果需要,应维修或替换分离器控制,减少冲击,增加洗涤器。

减少回流冷凝器的醇溶液流量,提高回流温度。

1.18.4 汽化器

① 检查再生器温度(低于 $404 ^\circ\text{F}$);

② 检查回流温度,增加回流冷凝器的醇溶液流量来降低回流温度;

③ 检查气提气流量;

④ 检查再生器出口堵塞和醇溶液污染(下水管或换热器)。

1.19 醇溶液损耗−醇溶液烃类分离器

1.19.1 不当的控制操作

① 维修或替换液位控制;

② 清洁、维修或更换溢流阀。

1.19.2 泄漏

① 检查排污阀,紧固、维修或更换;

② 检查塔、外浮笼和液位控制适配器;

③ 增加复合消泡剂来防止通过气体出口带出的损耗。

1.19.3 集油槽(槽和堰板)中的累积

① 打开容器并清理集油槽的醇溶液(卧式容器);

② 调整或去除堰板。

1.20 醇溶液损耗——多方面的

1.20.1 泄漏

① 检查所有的法兰、连接件和相关的管道;

② 检查电泵活塞杆密封;

③ 检查所有的排污阀(过滤器、换热器等);

④ 检查泵的泄放阀和电泵的旁通;

⑤ 检查外部的气体/醇溶液换热器;

1.20.2 更换较差质量或污染的醇溶液

① 只使用97%或更高纯度的TEG;

② 检查醇溶液中的过量的水。

1.21 三步法排除故障

1.21.1 时间表

判断问题出现的大概的日期/时间。

1.21.2 变化列表

列出任何变化(发生的与平时不同的事件)。找出不同的地方,例如产品变化、操作变化、检修、维修、天气。

1.21.3 研究

用排除法减少列表汇总的变化,从而决定显示问题的因素。

1.22 醇溶液系统清洁

1.22.1 一般原则

需要频繁添加化学药剂来清洁醇溶液系统。

正确进行化学药剂清洁,对装置的操作是十分有益的。不正确的清洁是花费巨大的,并且会造成长期的问题。最有效的清洁类型是用非常大负荷的氨溶液。

为了提供最佳的清洁,溶液的浓度、温度和泵吸速率必须小心控制,并与有经验的、声誉好的供货商合作。可以使用多联技术来节省清洁化学药剂的花费。

1.22.2 清洁技术

蒸汽清洁法是无效的,并且可能是破坏性的和危险的。该操作可能使系统中的沉淀物硬化,使它们几乎不可能被移除。

使用冷水或热水,加或不加高效洗涤皂,对系统的清洁几乎不起作用。在清洁后,高效洗涤皂可能会有极少量的残留,进而造成一系列问题。残留在系统中的清洁皂可能在很长时间内使醇溶液起泡。

酸清洗对无机沉淀物是有效果的。既然醇溶液系统中的大部分沉淀物是有机的,酸清洗不是非常有效的。清洁后,它很容易在醇溶液系统中造成额外的问题。

2 消除操作问题

2.1 一般原则

大部分操作问题是由机械故障引起的,保持设备处于良好的工作状态是非常重要的。下面的操作和维护建议帮助实现无故障操作。

2.2 进口洗涤器/微型过滤分离器

进入吸收器的气体越干净,造成的操作问题就会越少。如果没有入口过滤器,可能会产生以下问题:

① 液态水存在;

② 污染甘醇;

③ 降低吸收效率;

④ 更大的甘醇循环量;

⑤ 增加蒸馏塔气液相负荷；

⑥ 淹塔；

⑦ 极大增加再沸器热负荷和燃料气用量。

如果水中含油盐和固体颗粒，它们将会沉积在再沸器内，影响加热表面，并可能会导致烧穿(见图3-12~图3-14)。

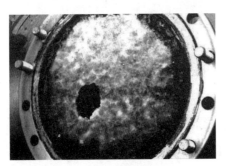

图3-12 再沸器内部的盐垢

图3-13 火管里的盐垢

图3-14 盐覆盖了火管周围

如果液态烃存在,它们将会进入蒸馏塔和再沸器;轻组分将会以气相形式穿过塔顶,造成火灾隐患;重组分将会聚集在储罐内甘醇的表面,并可能溢流出系统(见图3-15)。

图3-15 从再沸器底部收集的焦炭碎片

闪蒸出来的烃蒸气会淹没蒸馏塔,并极大地增加再沸器的热负荷导致甘醇损失。为了阻止甘醇污染,应当有计划地采取良好的腐蚀控制程序:

① 如果洗涤器/过滤分离器超负荷,过量的流体就会穿过而进入系统。

② 在阻蚀剂和蒸馏物载体能够收集之前,来自已处理井的天然气应当慢慢地通过井口的储罐或分离系统。

③ 不要同时打开所有已处理的井,这样可以避免通往设备的集气管线中存在巨大的段塞。

洗涤器或过滤分离器可以是吸收器的完整一部分或者更好是一个单独的容器。为了能够移除所有的固体颗粒和游离液体,保证这些杂质不会进入甘醇系统。容器应当做得足够大,容器应当进行定期的检查,以防止任何故障;在冷天应当保护好液体管线,以防止冻堵:

① 洗涤器或者分离器应当有一个加热盘管;

② 热甘醇用泵打到盘管里;

③ 通过控制调节阀和旁通阀使流体定量通过盘管;

④ 分离器的液位控制器和计量器玻璃上可以提供一个加热腔;

⑤ 在寒冷天气条件下,再沸器应当有一个加热盘管去加热洁净气,洁净气可以流入分离器液相管线,以保持流体流动,从而不会冻堵。

分离器应当安装在吸收塔附近，以防止气体在进入吸收塔前因压降而产生更多液体。如果甘醇装置前的分离器安装了压力安全阀，那么为了保护内部构件，需要在吸收塔入口安装一个流量安全阀。有时，分离器入口与甘醇设备之间需要设有一个能够移除$1\mu m$以上杂质的高效捕雾网去清洁来气。当石蜡和其他杂质以良好的蒸气状态存在时，这尤其有用。

当气体在脱水之前压缩时，应在吸收塔之前放置一个聚结过滤器或微纤维过滤分离器，去除蒸气状态存在的压缩机油。压缩机油或蒸馏物附着在吸收塔或蒸馏塔的填料上，会降低它的效率。

2.3 吸收塔

这个容器包含了阀门或泡罩塔盘或填料，从而实现气-液两相更好地接触。对于防止由发泡或气液接触不足引起的销售气高露点，清洁是非常重要的。堵塞的塔盘和填料也会增加甘醇的损失。

装置开车注意事项如下：吸收塔的压力应当慢慢调到操作范围，然后甘醇应当循环起来，并在所有的塔盘上达到液位；下一步，进入吸收塔的气体速率应当慢慢增加，直到达到操作液位；如果气体在塔盘被液体密封之前进入吸收塔，那么气体将穿过降液管和泡罩。当这种情况发生，并且甘醇被用泵打到吸收塔时，液体密封住降液管是困难的。液体将被气流携带出去，而不是流到吸收塔底部；当气体由低流速向高流速变化时，气体流速应该慢慢的增加；气体急速浪涌通过吸收塔，将会导致过量的压力降通过塔盘，从而破坏液封，甘醇被带离塔盘，这将会淹没湿气洗涤器，并增加甘醇的损失。

装置关断注意事项如下：首先，去再沸器的燃料气应当切断；然后，在再沸器温度降到$200\text{℉}(94\text{℃})$之前，循环泵都应当保持运行；这些措施将会防止超温引起的甘醇降解；然后，通过慢慢减小气体流率(防止对吸收塔和管道系统任何不必要的冲击)来关断装置；为了防止甘醇损失，装置应当慢慢泄压；吸收塔下游的脱水器应当一直是减压状态。

安装在压缩机出口侧的脱水器应当在入口管线上安装止回阀，止回阀的位置尽可能靠近吸收塔。经验表明，当压缩机反转或关断时，甘醇会被吸回管线。压缩机故障时，吸收塔的内部构件，诸如塔盘、捕雾网也可能会损伤(见图

3-16)。安装止回阀通常能消除这个问题。

图3-16 由于压缩机故障引起的塔板损伤

无论是安装在脱水器上游的压缩机，还是安装在下游的压缩机，都应当配备压力缓冲器。缺少这种安全装置，可能会引起仪表、塔盘、线圈、捕雾网和脱水器其他部分的疲劳失效。

为了使进入再生器的甘醇流量稳定，应当设置泄放阀和液位控制阀。这样能有效防止段塞，段塞可以淹没气提塔，并导致大量的甘醇损失。

吸收塔必须是立式的。应确保容器中适当的甘醇流量，以及甘醇与气体的适度接触。有时，如果甘醇的损失量很大，应当检查安装后的塔盘和泡罩是不是没有合适地密封。在检查和清扫容器时，塔盘上的检查孔是非常有用的。

如果从甘醇单元出来的干气用作气举气，在定型和操作装置时必须要谨慎，因为在检修时需要不稳定的气体流度。气举系统中，吸收塔的气体出口应当安装止回阀。如果不安装止回阀，吸收塔下游的阀门将很难阻止突然的过载，很难控制通过装置的气量。突然的吸收塔超负荷将会打破塔盘上的降液管密封，引起销售气中甘醇的过量损失。

当大量的轻烃凝液聚集在容器壁上时，吸收塔有时是需要隔热的。当富的温暖气体在冷的环境中脱水时，这是经常发生的。这些很轻的轻烃将会引起吸收塔塔盘淹没和来自再生器的大量甘醇损失。由于甘醇雾末夹带和良好分布很难有效控制，因此要特别重视湿气洗涤器(见图3-17~图3-20)。为了使甘醇的损失最小，应当仔细研究捕雾网的类型和厚度，而且在安装之后也要特别注意避免损伤捕雾网。为了避免损伤捕雾网，通过接触器的最大压降大约是15psi。

图3-17 部分堵塞的湿气洗涤器

图3-18 完全堵塞湿气洗涤器

图3-19 备用湿气洗涤器

图3-20 备用湿气洗涤器的安装

2.4 甘醇-气体换热器

大部分装置都设有甘醇-气体换热器，利用吸收器出来的气体来冷却要进吸收器的贫的甘醇。换热器可以是在吸收器顶上的一个盘管或单独的一个。当气体必须表面热量损失的时候，需要使用水冷换热器。

换热器中可能会堆积沉淀物，例如盐、固体、焦炭或胶类物质。这些污染物将会污染换热器的表面，降低热传递效率，增加贫的甘醇温度。这些情况都会导致甘醇损失增大，使脱水困难

如果需要，容器应定时被检查和清洗。

2.5 贫甘醇储罐或收集器

通常这个设备包括一个甘醇换热器盘管，具有如下作用：冷却来自再沸器

的贫甘醇；预热进入气提塔的富甘醇。

　　贫甘醇也会通过储罐外壁的热辐射冷却。这种收集器通常应绝热。水冷也可以用来帮助控制贫甘醇温度。

　　在常用的没有气提气的再生器，收集器必须放空来防止气体聚集；聚集在储罐中的蒸气可能引起泵的气封；在储罐的顶部通常有用于放空的连接；放空线应通过管道连接离开工艺设备，但是不应被连接到气提塔放空上，因为这可能会使蒸气稀释再生的甘醇。

　　应在储罐上配套一些装置来提供干气密封(没有氧气或空气)。一般没必要在这些储罐中安装单独的放空。密封护气体一般用管道连接到储罐顶部的规则的放空接口。如果使用密封气体，通常从燃料气管线中引出。当使用密封气体时，应查看密封气体阀、管道和流量控制孔板，以确认是打开可供气体通过的。只需要非常小的气流来阻止再沸器中蒸气形成，以防止污染再生的甘醇。

　　应经常检查容器，查看沉淀物和重烃是否在容器底部聚集。为了有合适的热交换，换热器盘管应保持清洁。这也能防止腐蚀。如果换热器泄漏，富的甘醇会稀释贫甘醇。检查储罐中的甘醇液位，在玻璃液位计中应总是保持一个液位。玻璃液位计应保持洁净，以确保有合适的液位。当液位被泵抽低时，应添加甘醇。应记录添加的甘醇的量。确定储罐没有装满溢出，因为这也会导致问题的发生。

2.6 气提或蒸馏塔

　　气提塔或蒸馏塔通常是填料塔，位于再沸器顶部，通过分馏来分离水和甘醇。填料通常是陶瓷的鞍形物，但是可以用304不锈钢鲍尔环来防止损坏(见图3-21~图3-24)。标准的气提塔通常在顶部有翅片状的空冷器使蒸气冷却回收甘醇。

　　空冷器依靠空气循环来冷却热蒸气。在极热的天气条件下，空冷器的冷却不足导致较差的冷凝效果时，可能会造成甘醇损失增加。在非常冷又刮大风的天气条件下，当大量凝液(甘醇和水)使再沸器超载时，也会发生大量甘醇损失。大量液体进入气提塔放空。

GAS DEHYDRATION

图 3-21 陶瓷鞍型填料

图3-22 不锈钢鲍尔环填料

图3-23 规整调料

图3-24 覆盖焦油的陶瓷鞍型填料

如果使用气提气，通常使用内部回流盘管去冷却蒸气。当气提气用来阻止过量甘醇损失时，气提塔的回流更加重要，这是因为大量的气体离开气提塔会携带甘醇。通过从吸收塔到气提塔冷凝器盘管的冷的富甘醇提供足够的回流。如果进行适当的调整，一年中它能够提供同样的冷凝。

在管道中布置手动或自动阀来越过回流盘管。在一般情况下，这个阀是关闭的，全部的流量会通过回流盘管。在环境温度很低的寒冷天气条件下，这会产生太多的回流，再生器会变得超负荷，再沸器可能不能维持要求的温度。在这样的条件下，环境大气提供部分或全部的回流要求，因此，一部分或全部的富甘醇溶液应越过回流盘管。通过打开手动/自动阀门完成，直到再沸器能维持相应的温度，这降低了通过盘管的回流量，减小了再沸器的负荷。

有时候在气提塔顶端的冷的甘醇回流盘管有泄漏。这时，过量的甘醇会淹没蒸馏塔的填料,使蒸馏塔操作混乱,增加甘醇损耗。回流盘管应被正确维护。

碎的粉末填料会引起气提塔中的溶液起泡增加甘醇损耗。填料通常被再沸器中烃类闪蒸引起过量的床层移动打碎;安装填料时的不当操作也会引起粉末化;由于细小的破碎,气提塔的压降增加;蒸气和液体的流量限制引起甘醇从气提塔顶渗出。

由盐或重烃形成的沉淀物污染的填料,也会引起气提塔中的溶液发泡并增加甘醇损耗。当发生堵塞或粉末化时,填料应被清洁或更换;更换应使用同样尺寸的塔填料;标准尺寸的陶瓷鞍型或不锈钢的鲍尔环是1in;当使用气提气时,并且在再沸器和储罐之间的下导管安装有塔填料时,应提供不切断下导管而更换塔填料的所需条件。

在低循环比下,富甘醇可能冲击填料,造成液体和热蒸气之间的不良接触;为了防止冲击,在富甘醇进料口下安装分配盘来均匀分布液体。

甘醇系统中大量携带的液烃可能会非常麻烦和危险。烃类会在再沸器中闪蒸,淹没气提塔,增加甘醇损耗;重烃蒸气或液体也可能溢出再沸器并造成严重的火灾。因此,气提塔的蒸气放空应用管道引出远离工艺设备至安全距离。

从气提塔到泄放点的放空管线应有适当的坡度来防止冷凝液体堵塞管道。如果放空管线是长的并且是在地面安装的,应在离开气提塔不超过20ft的地方设置一个正确安装的顶部放空,放出蒸气以防在长管线中的冻堵。管线应该同设备接口尺寸相同或更大。

在有寒冷,冰冻天气可能性的地方,从气提塔到泄放点之间的放空管线应保温防止冻堵。这能防止蒸气冷凝结冰,堵塞管线。如果发生结冰,再沸器中闪蒸的水蒸气可能进入储罐中稀释贫甘醇,由这些聚结的蒸气造成的压力也可能会使再生器爆炸。

2.6.1 再沸器

再沸器提供给热量,通过简单蒸馏分离甘醇和水。大的装置场所可能在再沸器中用热油或蒸气。偏远地区一般设置一个直接加热的换热器。再沸器具有以下特点：使用一部分天然气或燃料气；加热元件通常有一个"U"形管并包括一个或多个燃烧器(见图3-25)。在设计方案中，考虑了防止过热引起的甘醇分解(见图3-26和图3-27)。再沸器应设置一个高温安全控制器来切断燃料气系统，以防初级的温度控制器故障。

图3-25 直接燃烧加热式再沸器

图3-26 再沸器火管上已分解的甘醇

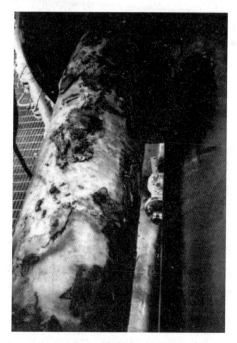

图3-27 再沸器燃烧管上分解的甘醇

燃烧室的热通量应足够高，以提供足够的热能；但也不能太高，以防止甘醇分解。过量的热流，小范围内太多的热量，将会导致甘醇热分解(见图3-28)。

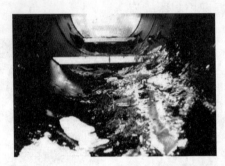

图3-28 再沸器器壁上分解的甘醇

由于下列原因，火苗应当保持矮一些，特别是在小的再沸器中，以防止甘醇分解，防止炉管烧坏(见图3-29)。这对小的装置尤其重要，因为火苗能提供总热量需求的大部分。

图3-29 分解的甘醇和烧坏的火管

应当把火焰正确地调整成长的、波动的和稍微发黄的。

管嘴可以有效的分配火焰，使其沿着炉管更加均匀；减少管嘴最近区域的热通量，不会实际降低总的热量传递；避免火焰对火管的直接和猛烈冲击。

泵的关断装置能够防止火焰熄灭引起的湿甘醇循环。如果火焰熄灭，一个连续的点火系统或者点火器重新去点燃也是有用的。为了防止燃烧器失效，应当按时清洁空气-燃气混合器和燃烧腔的管嘴,再沸器的温度不能超过表3-2中的数值。

表3-2 再沸器的温度

甘醇类型	热分解温度
乙二醇	329℉(165℃)
二甘醇	328℉(164℃)
三甘醇	404℉(207℃)

当再沸器的温度维持在比表3-2所列温度高100℉(50℃)时,过度的污染和非常慢的降解就会发生。

如果焦炭、焦油产品或者盐沉淀物附着在火管上,那么热传递效率将会降低,炉管失效将会发生。局部的过热,尤其是盐沉积的地方,将会导致甘醇分解。通过甘醇分析可确定这些污染物的数量和类型。

晚上关掉再沸器的燃烧器,向下看燃烧室也能够发现盐沉积物。炉管上看到的明亮的发红光的位置就是盐沉淀聚集的地方。这些沉淀将会引起炉管快速烧坏,尤其是当设备入口分离器分离不充分和盐水段塞流进入吸收塔时。

甘醇循环系统中的焦炭和焦油产品能够通过良好的过滤移除。移除盐需要更多复杂的设备。沉积在火管和其他设备上的污染物,只能通过化学方法移除。

加热程序是恒温控制和完全自动的。再沸器温度应当不定期地用测试温度计核实,以确保被记录数据的真实性。当在设计能力范围内操作时,如果温度波动过大,则应当降低燃料气的压力。不变的温度能保证再沸器较好的操作。

如果再沸器温度不能像期望的那样升高,那么有可能需要将燃料气压力提高到30psi(表)。如果水和(或者)烃由吸收塔进入再沸器,升高温度是不可能的,除非改正了这个问题。再沸器燃烧器的标准火嘴是根据燃料气的热值为1000~1100Btu/[10^6ft^3(标)]来设置的。如果燃料气的热值低于这个值,有必要安装一个大点的火嘴或者将现有火嘴扩大规格。

如果靠近燃烧室的气体管线泄漏已经引发了火灾，最好的预防措施是将管线上的阀门和调节阀安装在距燃烧室最远处。另一个有效的措施是：在燃烧室附近增加一个阻火器。如果阻火器设计正确，甚至燃烧室内最近区域的剧烈气体泄漏也不会被点燃。

　　在装置开工期间，在气体流过吸收塔之前将再沸器温度升高到想要的操作水平是必要的。安装时，再沸器必须是水平的。不平的摆放可能会引起火管烧毁。

　　为了防止甘醇贫液在寒冷的天气中过度冷却，再沸器距吸收塔的距离应当足够近。这将会防止吸收塔中的烃冷凝和高的甘醇损失。

2.6.2 气提气

　　为了达到非常高的甘醇浓度，气提气是一种可以选择的方式，用常规的再生方法不能获得这么高的浓度。它能够提供最大的露点降和更多的脱水。

　　气提气用来脱除再生设备中甘醇浓缩后残余的水分。在大部分水分被蒸馏脱除后，它可以为热气和甘醇贫液提供紧密接触。据报道，甘醇贫液的浓度范围为99.5%~99.9%，露点降为140℉。

　　气提气进入系统有好几种方式。一种方法是利用再沸器和储罐之间降液管中的垂直塔盘或填料段，干气气提出再生之后的甘醇中的额外水分。甘醇从再沸器向下流过这一段，与气提气接触脱除多余的水分，然后进入储罐。另一种方法是利用火管下面再沸器中的甘醇气提气喷头。当甘醇流过再沸器时，气体注入这个容器并利用甘醇加热。在再沸器中，气提气与甘醇接触并脱除一些额外的水分，然后气体通过气提塔进入废料井，甘醇贫液从再沸器向下流入储罐。

　　气提气通常取自燃料分离器压力下的再沸器燃料气管线(如果气体是脱过水的)，不能用空气或氧气。气提气通常用手动阀门控制，通过孔板流量计显示流量。

　　气提气流量有下列特征：

① 随着贫液的浓度需求和甘醇–气体接触的方式而变化。

② 甘醇循环量通常在$2 \times 10^{6} \sim 10 \times 10^{6} ft^{3}$(标)/gal之间。

③ 不能高到溢流出气提塔，也不能低到甘醇流出积液包。

当使用气提气时，增大气提塔的回流量来防止过量的甘醇损失是必要的。这通常利用气提塔中冷的甘醇冷凝盘管来实现。

2.6.3 循环泵

循环泵被用来运输系统中的甘醇。它可以是电驱、气驱、蒸汽驱或者是气体和甘醇驱动，这取决于操作条件和装置的位置。

气体–甘醇驱动的泵是个非常多用途的设备，经常被使用的原因如下：

① 控制是耐用的、可靠的，如果调整合适，可以提供长时间的无故障操作。

② 利用吸收塔中带压的富液提供需要的部分驱动能。

③ 由于泵不可能得到比输出去多的回流甘醇，需要一个额外的体积来提供驱动力。

④ 来自吸收塔的带着甘醇富液的带压气体来提供这个额外的体积。

⑤ 在操作压力为1000psi的吸收塔中，每加仑循环的甘醇贫液需要的气体体积大约是5.5ft^3(标)。

有用的维护窍门是：小心开启一台新泵可以省去很多麻烦和停工。通常泵的填料密封靠甘醇自身来润滑，新泵的填料是干燥的，当吸收了甘醇后，填料开始膨胀，如果它被缠绕得太紧，不是填料划坏塞子，就是填料烧毁。

一般泵输送的流体经常是脏的和有腐蚀性的，将会导致汽缸腐蚀，密封磨损，叶轮损坏，泵体或环磨损，阻碍或堵塞阀门。这些部分必须被检查并保持在正常的状态，以保证泵的最大效率。

泵的速率是跟被压缩气体的体积相称的。低气体流量速度应当减少，相反高气体流量速度应当增加。成比例的调整允许增加吸收塔中气体–甘醇的接触时间。

当泵的止回阀用坏或堵塞时，泵还要正常操作，除非没有液体进入吸收塔。即使压力表显示泵在运转。这种类型失败的唯一证据是很小或没有露点降。

核对体积流量的一种可靠方式是利用靠近吸收塔入口的阀门并通过测量玻璃液位计(如果有一个可用的)相对泵正常输送量的升高来计算。

甘醇损失最经常发生的一个根源发生在泵的填料密封处。如果每天泵泄漏的甘醇量超过1~2qt(1qt=0.946L,下同),那就应该更换填料了。调整不能恢复密封。填料应当紧固安装,然后翻转一整圈。如果填料太紧,活塞可能会被划伤并需要替换。

　　2~3gal甘醇对1lb被脱除水的循环比足够提供良好的脱水效果。过大的循环比会使再沸器超负荷并降低脱水效率。这个比例应当通过调准泵使其在合适的速度下运行来定期检查,。

　　适当的泵维护将减少操作费用。泵不能工作则整个系统必须关断,因为吸收塔中没有良好的连续的甘醇流动,则气体就不能有效的干燥。因此,为了防止长时间的停泵,应当准备好小的备件。

　　如果没有足够的甘醇循环:检查泵入口过滤器是否堵塞并(或)打开泄放阀消除气阻。甘醇过滤器应当定期的清洁以避免泵的磨损和其他问题。

　　泵应当定期润滑。

　　当维修和替换元件时,容易进入的泵能够节省时间减少麻烦。

　　泵的操作温度受限于"O"形环密封和尼龙 D的滑动。推荐的最大温度为200℉(94℃)。那么填料的寿命将会大大延长。因此,当甘醇贫液在这个温度以下通过泵时,为了保持干燥需要足够的热量交换。

　　在甘醇工艺系统中,泵通常是最超负荷工作和超负荷使用的设备。甘醇系统通常有一台备用泵以避免第一台泵失效时造成装置停车。对操作者来说利用备用泵输送更多的甘醇到吸收塔以避免湿销售气问题并不罕见。这个程序只是增加了操作问题。在备用泵使用之前,所有其他的工艺变化都应当第一时间核查。

　　泵出口处安装一块压力表。为了能够隔离压力表,应当在压力表和管线之间安装一台阀门。通过观察压力表随泵的活塞往复而转动,压力表可以用来了解泵的工作情况。压力表中的感压元件是一根弹簧管。这根管子的弯曲或移动来指示压力。泵入口如果受到持续的压力波动,弹簧管将会疲劳或失效。除非通过检测装置或仪表检测甘醇损失,否则压力表不应当受压。

2.6.4 闪蒸罐或甘醇-气体分离器

闪蒸罐或甘醇-气体分离器,是一个可选用的设备,可用于回收甘醇驱动泵的尾气和甘醇富液中的气态烃。回收的气体可以用作再沸器的燃料气或作为气提气。任何多余的气体通常是通过一个背压阀排出。闪蒸罐可以保证不稳定烃不进入再沸器。

这种低压分离器可以安装在下列两个位置中的一个:泵和储罐的预热盘管之间,或者预热盘管和气提塔之间。

通常,分离器最佳的工作温度在130~170℉(55~77℃)之间。两相分离器至少需要5min的停留时间才能够脱除气体。

如果甘醇富液中存在液态烃,那么应当在进入气提塔和再沸器之前应当用三相分离器将其脱除。容器提供的液相停留时间应该在20~45min之间,这取决于烃的类型、相对密度指数重量以及泡沫量。容器应当安装在储罐预热盘管之前或之后,这取决于轻烃存在的类型。

2.6.5 气封

气封阻止空气跟再沸器和储罐中的甘醇接触。少量的低压气体注入储罐,用管道将气体从储罐输送到气提塔底部,气体和水蒸气到达塔顶。消除空气可以帮助阻止甘醇因缓慢氧化而降解。气封压力等于再沸器和储罐之间的压力。气封也可以阻止这两个容器间的液封被破坏。

2.6.6 再生装置

生装置利用真空精馏净化甘醇,以便进一步利用。清洁的甘醇被取走,所有脏的沉淀物被留在容器里,然后被冲到下水道里去。这通常只用在非常大的甘醇系统中。

3 改善甘醇过滤的一般原则

过滤器的作用是:延长泵的使用寿命;防止固体颗粒在吸收塔内的积聚(见图3-30~图3-34);防止固体颗粒在再生设备内的积聚。

吸附在金属表面的固体颗粒将会造成连续的电化学腐蚀。过滤器过滤掉固体颗粒后还可以消除污垢、泡沫和堵塞。过滤器应当设计成能除掉粒径为5μm及以上的固体颗粒,它们应当能够在压差高达20~25psi的情况下操作,并且没有密封损失和沟流。一个大约25psi的内部泄放阀和差压计是非常有用的。

新的元件应当在泄放阀打开之前安装。对于装有隔断阀和旁通阀的过滤器，为了防止装置超压，在关闭隔断阀之前应当先打开旁通阀。对于没有安装隔断阀和旁通阀的过滤器，在试图更换元件之前关闭吸收塔甘醇卸载管线上的隔断阀。

图3-30 微纤维过滤器元件备件俯视图

图3-31 被液烃残留物污染的
微纤维过滤器

图3-32 分解的甘醇被捕集
在微纤维过滤器里

图3-33 分解的甘醇被捕集
在微纤维过滤器里

图3-34 高压降导致的过滤器坍塌

为了达到最好的效果,过滤器通常不装在甘醇富液管线上。但是,可以过滤甘醇贫液来帮助保持甘醇的清洁。当装置开车或添加中和剂控制甘醇pH值时,需要经常更换过滤器。新的元件应当放在干燥、干净的地方,以使其不被弄脏和黏上油。

向过滤器厂家请教安装和操作说明,知道何时以及如何更换元件可以使空气不进入甘醇系统,是很重要的。阀门和仪表应当不定期地检查腐蚀和结垢情况。

判断过滤元件的使用是否适当,请将其切割到核心并检查它们。如果从头到尾都是脏的,则过滤器被正确使用;如果元件一侧是干净的,则需要一个带有不同微米尺寸的元件;不定期地从脏的元件上擦除沉淀物并对其进行分析,是一种很好的实践,这将有助于建立目前污染物的类型;替换元件的数量记录,将可以估算出目前污染物的量。

4 使用炭净化的一般原则

通过脱除甘醇中的烃、油井处理的化学药剂、压缩机油以及其他麻烦的污染物,活性炭可以有效地消除大部分起泡问题。

甘醇净化有以下两种方式可以实现:

一种方法是利用两个活性炭吸附塔串联但是要管道连接,因此它们可以无困难地停止或互换。在大的系统中,大约甘醇总量的2%应当经过活性炭塔。

在小的系统中, 所有的甘醇都应当经过活性炭塔。每个床层每平方英尺横截面积每分钟应当能够处理2gal甘醇。塔的长径比应当在3:1~5:1之间, 在有些情况下甚至是10:1。塔的设计要考虑活性炭装填后可以用水反洗来清除灰尘。为了实现这个功能, 要在容器液体入口分配器和水出口排污管嘴之间的活性炭床层上方, 安装一个滤网护圈来约束床层。液体喷淋器可以避免甘醇通过床层时形成沟流。为了避免活性炭堵塞, 也为了将活性炭保存在塔内, 应当认真选择滤网的尺寸和塔底部的支撑。反洗用的水入口管嘴应当在塔底部滤网的下面。经常通过查看甘醇的外观来决定活性炭何时再生或更换。也可以用床层压降来判断。正常的床层压降只有1lb或者2lb。当压降达到10~15lb时, 说明床层已经被污染物完全堵塞。有时, 可以使用蒸汽吹扫清除污染物来使活性炭再生。但是, 这种方法是冒险的并且成功率有限。

另一种净化方法是使用活性炭元件, 例如Peco-Char。

任何一种清洗系统都应该放在固体过滤器的下游。这会提高活性炭吸附的效率并延长其使用寿命。

参考文献

Personnel communication with Rocky Buras, President; Mark Middleton, Vice President and other senior Gly-Tech personnel, 2054 Paxton Street, Harvey, LA. 70058.